四川省工程建设标准

成都市地源热泵系统设计技术规程

DBJ 51/012 – 2012

Technical specification for design of ground-source heat pump system in Chengdu

主编单位：中国建筑西南设计研究院
批准部门：四川省住房和城乡建设厅
施行日期：２０１３年６月１日

西南交通大学出版社

2013　成都

图书在版编目（CIP）数据

成都市地源热泵系统设计技术规程 / 中国建筑西南设计研究院有限公司编著. —成都：西南交通大学出版社，2014.1
ISBN 978-7-5643-2849-8

Ⅰ. ①成… Ⅱ. ①中… Ⅲ. ①热泵系统 – 系统设计 – 技术规范 – 成都市　Ⅳ. ①TU831.3-65

中国版本图书馆 CIP 数据核字（2014）第 022046 号

成都市地源热泵系统设计技术规程

主编单位	中国建筑西南设计研究院
责任编辑	杨勇
助理编辑	姜锡伟
封面设计	原谋书装
出版发行	西南交通大学出版社
	（四川省成都市金牛区交大路 146 号）
发行部电话	028-87600564　028-87600533
邮政编码	610031
网　　址	http://press.swjtu.edu.cn
印　　刷	成都蓉军广告印务有限责任公司
成品尺寸	140 mm × 203 mm
印　　张	3.5
字　　数	87 千字
版　　次	2014 年 1 月第 1 版
印　　次	2014 年 1 月第 1 次
书　　号	ISBN 978-7-5643-2849-8
定　　价	42.00 元

图书如有印装质量问题　本社负责退换
版权所有　盗版必究　举报电话：028-87600562

关于发布四川省工程建设地方标准《成都市地源热泵系统设计技术规程》的通知

川建标发〔2012〕623号

各市州及扩权试点县住房城乡建设行政主管部门、各有关单位：

由中国建筑西南设计研究院主编的《成都市地源热泵系统设计技术规程》，已经我厅组织专家审查通过，并经住房和城乡建设部审查备案，现批准为四川省工程建设强制性地方标准，编号为：DBJ 51/012-2012，备案号为：J12204-2012，自2013年6月1日起实施。

该标准由四川省住房和城乡建设厅负责管理，中国建筑西南设计研究院负责技术内容解释。

四川省住房和城乡建设厅
2012年12月11日

前 言

根据川建科发〔2010〕401号文《关于下达四川省地方标准〈成都市地源热泵系统设计技术规程〉编制计划的通知》下达的任务要求,由中国建筑西南设计研究院有限公司会同有关单位共同编制了本规程。

在规程编制过程中,编制组进行了广泛深入的调查和科学研究,认真总结了当前地源热泵系统应用的实践经验,吸收了发达国家相关标准和先进技术经验,并在广泛征求意见的基础上,通过反复讨论、修改与完善,制定了本规程。

本规程共分10章和4个附录。主要内容是:总则、术语、地源热泵工程专项勘察、可行性评价、地埋管换热系统、地下水换热系统、地表水换热系统、地热能输配系统、地源热泵机房设计、监测与控制。

本规程中用黑体字标志的条文为强制性条文,必须严格执行。

本规程在执行过程中,请各单位注意总结经验,积累资料,随时将有关意见和建议反馈给中国建筑西南设计研究院有限公司(地址:成都市天府大道北段866号;邮政编码:610042),以供今后修订时参考。

本规程主编单位:中国建筑西南设计研究院有限公司
本规程参编单位:西南交通大学
　　　　　　　　四川省建筑科学研究院
　　　　　　　　四川省建筑设计院
　　　　　　　　四川省地质工程勘察院

本规程主要起草人：戎向阳　革　非　杨坤丽　余南阳
　　　　　　　　　袁艳平　徐斌斌　赵云红　王金平
　　　　　　　　　雷　波　刘明非　徐　明　杨　玲
　　　　　　　　　侯余波
本规程主要审查人：付祥钊　吴祥生　康景文　叶新生
　　　　　　　　　孙卫民　刘　戈　钱江澎

目 次

1 总则 ··· 1
2 术语 ··· 2
3 地源热泵工程专项勘察 ··· 4
　3.1 一般规定 ·· 4
　3.2 地埋管换热系统工程勘察 ····································· 5
　3.3 地下水换热系统工程勘察 ····································· 5
　3.4 地表水换热系统工程勘察 ····································· 6
4 可行性评价 ·· 8
　4.1 一般规定 ·· 8
　4.2 地埋管换热系统可行性评价 ·································· 8
　4.3 地下水换热系统可行性评价 ·································· 10
　4.4 地表水换热系统可行性评价 ·································· 11
5 地埋管换热系统 ··· 13
　5.1 一般规定 ·· 13
　5.2 地埋管换热系统设计负荷计算 ································ 14
　5.3 竖直地埋管换热器设计 ······································· 14
　5.4 水平地埋管换热器设计 ······································· 15
　5.5 地埋管换热系统水力计算 ····································· 15
　5.6 地埋管管材与传热介质 ······································· 16
6 地下水换热系统 ··· 17
　6.1 一般规定 ·· 17
　6.2 取水与回灌 ·· 17
　6.3 直接地下水换热系统 ·· 19

6.4 间接地下水换热系统	20
7 地表水换热系统	21
7.1 一般规定	21
7.2 开式地表水换热系统	21
7.3 闭式地表水换热系统	22
7.4 取水、排放水及取水构筑物	23
8 地热能输配系统	25
8.1 一般规定	25
8.2 输配系统	25
8.3 水处理	26
8.4 中间换热	26
9 地源热泵机房设计	28
9.1 一般规定	28
9.2 水源热泵机组	29
9.3 地源热泵机房设计	30
9.4 水环式地源热泵系统	30
10 监测与控制	32
10.1 一般规定	32
10.2 监测要求	33
10.3 控制要求	34
附录 A 成都市地质水文区划图	36
附录 B 地埋管阻力损失计算	44
附录 C 地埋管外径及壁厚	46
附录 D 地下水换热系统总供水量的确定	48
本规程用词说明	51
引用标准名录	53
附：条文说明	55

Contents

1 General Provisions 1
2 Terms 2
3 Special Engineering Investigation of Ground-Source Heat Pump System 4
   3.1 General Requirement 4
   3.2 Engineering Investigation of Ground Heat Exchanger System 5
   3.3 Engineering Investigation of Groundwater System 5
   3.4 Engineering Investigation of Surface Water System 6
4 Feasibility Assessment 8
   4.1 General Requirement 8
   4.2 Feasibility Assessment on Ground Heat Exchanger System 8
   4.3 Feasibility Assessment on Groundwater System 10
   4.4 Feasibility Assessment on Surface Water System 11
5 Ground Heat Exchanger System 13
   5.1 General Requirement 13
   5.2 Calculation of Design Loads of Ground Heat Exchanger System 14
   5.3 Vertical Ground Heat Exchanger System 14
   5.4 Horizontal Ground Heat Exchanger System 15
   5.5 Hydraulic Calculation of Ground Heat Exchanger System 15
   5.6 Pipe Material And Heat-Transfer Fluid of Ground Heat Exchanger System 16
6 Groundwater System 17
   6.1 General Requirement 17
   6.2 Water Intake And Recharge 17
   6.3 Direct Closed-Loop Groundwater System 19

	6.4 Indirect Closed-Loop Groundwater System	20
7	Surface Water System	21
	7.1 General Requirement	21
	7.2 Open-Loop Surface Water System	21
	7.3 Closed-Loop Surface Water System	22
	7.4 Water Intake and Drainage and Water Intake Structure	23
8	Geothermal Transmission and Distribution System	25
	8.1 General Requirement	25
	8.2 Transmission and Distribution System	25
	8.3 Water Treatment	26
	8.4 Intermediate Heat Exchange	26
9	Design on Water-Source Heat Pump Unit Machine Room	28
	9.1 General Requirement	28
	9.2 Water-Source Heat Pump Unit	29
	9.3 Machine Room Design	30
	9.4 Water-Loop Heat Pump System	30
10	Monitoring And Control	32
	10.1 General Requirement	32
	10.2 Monitoring Requirement	33
	10.3 Control Requirement	34
Appendix A	Geo-Hydrological Zoning Map in Chengdu	36
Appendix B	Pressure Loss Calculation for Ground Heat Exchanger System	44
Appendix C	Outer Diameter and Thickness of Ground Heat Exchanger	46
Appendix D	Determination of Total Supply Water of Groundwater System	48
Explanation of Wording in This Code		51
List of Quoted Standards		53
Addition: Explanation of Provision		55

1 总　则

1.0.1 为使成都地区地源热泵系统工程设计做到技术先进、节能高效、经济合理、安全适用、保证工程质量，制定本规程。

1.0.2 本规程适用于成都地区以岩土体、地下水、地表水为低位热源，以水或添加防冻剂的水溶液为传热介质，采用蒸气压缩热泵技术进行制冷、制热的系统工程的设计。

1.0.3 地源热泵系统工程设计应遵循因地制宜的原则，适合工程项目所在区域的环境条件及社会经济发展水平，不应影响周边环境及建筑。

1.0.4 地源热泵系统的释热及吸热方案，应结合工程所在地的水文、地质条件确定，并应遵循成都地区浅层地热能利用总体规划的相关要求。

1.0.5 在项目可行性研究前，可参照附录 A 的相关资料对地源热泵系统应用的适宜性进行预评价。

1.0.6 地源热泵系统工程设计除应符合本规程外，尚应符合国家现行有关标准的规定。

2 术 语

2.0.1 地源热泵系统 ground-source heat pump system

以岩土体、地下水或地表水为低位热源，由水源热泵机组、地热能交换系统、建筑物内系统组成的供热空调系统。根据地热能交换系统形式的不同，地源热泵系统分为地埋管热泵系统、地下水热泵系统和地表水热泵系统。

2.0.2 水源热泵机组 water-source heat pump unit

以水或添加防冻剂的水溶液为低位热源的热泵机组。

按加热或冷却介质不同，水源热泵机组可以分为冷热风型（如水环热泵、水源型多联空调等）、冷热水型与生活热水型。

按制冷制热工况切换方式不同，水源热泵机组可以分为冷媒侧工况切换型与水侧工况切换型。

2.0.3 传热介质 heat-transfer fluid

地源热泵系统中，通过换热器与岩土体、地下水或地表水进行热交换的液体。一般为水或添加防冻剂的水溶液。

2.0.4 地热能交换系统 geothermal exchange system

将浅层地热能资源加以利用的热交换系统。

2.0.5 地埋管换热系统 ground heat exchanger system

传热介质通过竖直或水平地埋管换热器与岩土体进行热交换的地热能交换系统，又称土壤热交换系统。

2.0.6 地埋管换热器 ground heat exchanger

供传热介质与岩土体换热使用，由埋于地下的密闭循环管组构成的换热器，又称土壤热交换器。根据管路埋置方式不同，分为水平地埋管换热器和竖直地埋管换热器。

2.0.7 地下水换热系统 groundwater system

与地下水进行热交换的地热能交换系统,分为直接地下水换热系统和间接地下水换热系统。

2.0.8 直接地下水换热系统 direct closed-loop groundwater system

由抽水井取出的地下水,经处理后直接流经水源热泵机组热交换后,返回地下同一含水层的地下水换热系统。

2.0.9 间接地下水换热系统 indirect closed-loop groundwater system

由抽水井取出的地下水经中间换热器热交换后,返回地下同一含水层的地下水换热系统。

2.0.10 地表水换热系统 surface water system

与地表水进行热交换的地热能交换系统,分为开式地表水换热系统和闭式地表水换热系统。

2.0.11 开式地表水换热系统 open-loop surface water system

地表水在循环泵的驱动下,经处理直接流经水源热泵机组或通过中间换热器进行热交换的系统。

2.0.12 闭式地表水换热系统 closed-loop surface water system

将封闭的换热盘管按照特定的排列方法放入具有一定深度的地表水体中,传热介质通过换热管管壁与地表水进行热交换的系统。

2.0.13 复合式地源热泵系统 hybrid ground-source heat pump system

地热能交换系统与其他冷源、热源或辅助释热、辅助吸热设施复合利用的地源热泵系统。

2.0.14 制冷系统设计能效比(EERr) refrigerating energy efficiency ratio of ground-source heat pump system

地源热泵系统设计总冷量与系统输入功率之比。系统输入功率是指热泵机组与地热能换热系统侧所有水泵及水处理设备的输入功率之和。

3 地源热泵工程专项勘察

3.1 一般规定

3.1.1 地源热泵系统方案设计前，应进行工程场地状况调查，并应对浅层地热能资源进行勘察。

3.1.2 水文地质勘察工作应与工程地质勘察及岩土工程勘察相结合。

3.1.3 对已具备水文地质资料或附近有水井的地区，可通过调查获取水文地质资料。

3.1.4 工程勘察应由具有勘察资质的专业队伍承担。工程勘察完成后，应编写工程勘察报告，并对资源可利用情况提出建议。

3.1.5 工程场地状况调查应包括下列内容：

    1 场地规划面积、形状及坡度；

    2 场地内及场地周边已有建筑物和规划建筑物的占地面积及其分布；

    3 场地内已有树木植被、河塘、排水沟及架空输电线、电信电缆的分布；

    4 场地内已有的、计划修建的地下管线和地下构筑物的分布及其埋深；

    5 场地内已有水井的位置；

    6 水源性质与条件、水源地与设计建筑之间的距离、水源地与设计建筑之间场地内地面建筑和构筑物分布情况、地形状况。

3.2 地埋管换热系统工程勘察

3.2.1 地埋管换热系统勘察应包括以下内容：
  1 岩土体的结构；
  2 岩土体的热物性；
  3 岩土体的原始温度分布及岩土体的平均温度；
  4 地下水的静水位、水温、水质及分布；
  5 地下水径流方向、速度；
  6 岩土体的裂隙发育程度。

3.2.2 水平地埋管换热系统的工程场地勘察宜采用槽探、坑探进行。

3.2.3 竖直地埋管换热系统的工程场地勘察宜采用钻探进行。

3.2.4 地埋管换热系统的应用建筑面积小于或等于 3000 m^2 时，宜进行岩土热响应试验；应用建筑面积大于 3000 m^2 时，应进行岩土热响应试验；应用建筑面积大于 10000 m^2 时，应至少进行两个测试孔或探槽的热响应试验。

3.2.5 岩土体热响应测试方法应符合现行国家标准《地源热泵系统工程技术规范》GB 50366 的相关规定。

3.3 地下水换热系统工程勘察

3.3.1 水文地质勘察可采用测绘、物探、钻探、水文地质试验、动态监测等手段进行。可根据工程要求分阶段实施，满足相应阶段的设计要求。

3.3.2 地下水换热系统水文地质勘察应包含以下内容：
  1 地下水类型；
  2 含水层的数量、岩性、分布、埋深、厚度以及含水层相互之间的水力联系；

  3 含水层的富水性和渗透性；
  4 地下水径流方向、速度和水力坡度；
  5 地下水水温及其分布；
  6 地下水水质；
  7 地下水水位动态变化。

3.3.3 地下水换热系统勘察应进行水文地质试验，试验应包括下列内容：
  1 抽水试验；
  2 回灌试验；
  3 测量含水层温度；
  4 取分层水样并化验分析分层水质；
  5 水流方向试验；
  6 渗透系数计算；
  7 干扰井试验。

3.3.4 地下水换热系统水文地质勘察井的布置应符合表3.3.4的规定。

表 3.3.4 地下水换热系统空调负荷（Q）与勘察井数量的关系

Q（kW）	勘察井数量（个）
$Q<500$	1~2
$500 \leqslant Q<2000$	2~3
$Q \geqslant 2000$	$\geqslant 3$

注：空调负荷 Q 取冷、热负荷中较大者。

3.4 地表水换热系统工程勘察

3.4.1 地表水换热系统的工程勘察应包括地表水水文勘察和取水建（构）筑物工程地质勘察。

3.4.2 地表水换热系统水文勘察应包括下列内容：

  1 地表水源性质、水面用途、深度、面积及其分布，水体与建筑物的距离；

  2 不同深度的地表水水温、水位的动态变化；

  3 地表水流速和流量动态变化；

  4 地表水水质及其动态变化；

  5 地表水利用现状与规划；

  6 航运情况与附近取水、排放水构筑物情况；

  7 水下地形分布情况；

  8 开式系统地表水取水和排放水的适宜地点及路线，或闭式地表水换热器布置适宜区域。

4 可行性评价

4.1 一般规定

4.1.1 地源热泵系统设计前,应依据专项勘察对地源热泵工程进行可行性评价,并编写可行性评价报告。

4.1.2 可行性评价报告应包括下列内容:
1 工程概况;
2 专项勘察;
3 设计方案;
4 技术经济分析;
5 效益与风险分析;
6 结论与建议。

4.2 地埋管换热系统可行性评价

4.2.1 地埋管换热系统可行性评价应包含以下内容:
1 地埋管换热系统设计方案;
2 项目埋管区域、埋管间距、埋管深度、埋管数量及设计水温;
3 地埋管换热系统最大瞬时换热量、地源热泵系统最大供冷量、最大供热量;
4 地下岩土体热平衡分析及不平衡解决方案;
5 整个制冷季的累计释热量、整个供暖季的累计吸热量以及制冷季、供暖季埋管区域的极限温升、温降以及全年温度变化曲线;

  6 岩土体及其换热能力的中长期影响分析；
  7 技术经济性分析、效益与风险分析。

4.2.2 地埋管换热系统的换热能力计算应符合下列规定：
  1 设计工况下地埋管换热器最大瞬时换热量按式（4.2.2-1）计算：

$$Q = q \cdot l \qquad (4.2.2\text{-}1)$$

式中 Q——地埋管换热器在设计工况下的最大瞬时换热量（kW），包括最大瞬时释热量和最大瞬时吸热量。设计水温宜根据建筑使用特性，按全年连续释热、放热过程通过模拟确定。评价阶段缺乏依据时，制冷工况可按 26.5 ℃/31.5 ℃，制热工况按 10 ℃/5 ℃ 确定。
   q——实测设计工况下每延米的稳定换热量（W/m）。
   l——地埋管系统总延米数（km）。
  2 最大供冷量按式（4.2.2-2）计算：

$$Q_{c,\,max} = Q/(1 + 1/EER) \qquad (4.2.2\text{-}2)$$

式中 $Q_{c,\,max}$——对应地埋管换热器最大瞬时释热量的地源热泵系统的最大供冷量（kW）；
   Q——地埋管换热器在设计工况下的最大瞬时释热量（kW）；
   EER——水源热泵机组在设计工况下的制冷能效比（kW/kW）。
  3 最大供热量按式（4.2.2-3）计算：

$$Q_{h,\,max} = Q/(1 - 1/COP) \qquad (4.2.2\text{-}3)$$

式中 $Q_{h,\,max}$——对应地埋管换热器最大瞬时吸热量的地源热泵系统的最大供热量（kW）；
Q——地埋管换热器最大瞬时吸热量（kW）；
COP——水源热泵机组在设计工况下的制热性能系数（kW/kW）。

4.3 地下水换热系统可行性评价

4.3.1 地下水换热系统可行性评价应包含以下内容：
　　1　地下水换热系统设计方案；
　　2　地下水循环利用量、设计计算水温；
　　3　抽水井与回灌井的数量、间距；
　　4　地下水换热系统最大瞬时换热量、地源热泵系统最大供冷量、最大供热量；
　　5　地下水水位、水温及水质的中长期影响分析；
　　6　地下水回灌方案及回灌保障措施；
　　7　抽取地下水对建筑的安全性影响分析；
　　8　地下水水处理方案；
　　9　技术经济性分析、效益与风险分析。
4.3.2 地下水换热系统的换热能力计算应符合下列规定：
　　1　地下水换热系统在设计工况下的最大瞬时换热量按式（4.3.2-1）计算：

$$Q = q\Delta T \rho C_p \times 1.16 \times 10^{-5} \qquad (4.3.2\text{-}1)$$

式中　Q——地下水换热系统在设计工况下的最大瞬时换热量（kW）；
　　　q——地下水换热系统最大连续抽取、回灌量（m³/d）；
　　　ΔT——地下水利用温差（℃），制冷工况宜取 11 ℃，
　　　　　　制热工况宜取 9 ℃；

ρ——地下水密度（kg/m³）；
C_p——地下水定压比热容[kJ/(kg·°C)]。

2 最大供冷量按式（4.3.2-2）计算：

$$Q_{c,max} = Q/(1+1/EER) \qquad (4.3.2-2)$$

式中 $Q_{c,max}$——对应地下水换热系统最大瞬时释热量的地源热泵系统的最大供冷量（kW）；
Q——地下水换热系统在设计工况下的最大瞬时释热量（kW）；
EER——水源热泵机组在设计工况下的制冷能效比（kW/kW）。

3 最大供热量按式（4.3.2-3）计算：

$$Q_{h,max} = Q/(1-1/COP) \qquad (4.3.2-3)$$

式中 $Q_{h,max}$——对应地下水换热系统最大瞬时吸热量的地源热泵系统的最大供热量（kW）；
Q——地下水换热系统在设计工况下的最大瞬时吸热量（kW）；
COP——水源热泵机组在设计工况下的制热性能系数（kW/kW）。

4.4 地表水换热系统可行性评价

4.4.1 地表水换热系统可行性评价应包含以下内容：
1 地表水换热系统设计方案；
2 地表水循环利用量、设计计算水温；
3 开式系统取水和排放水方式、地点、构筑物的位置；
4 闭式系统地表水换热器布置方式、位置及面积；

5 地表水换热系统最大瞬时换热量,地源热泵系统最大供冷量、最大供热量;

6 地表水水位、水温及水质的中长期影响分析;

7 水处理方案;

8 排放水对生态的影响分析;

9 整个制冷季的累计释热量、供暖季的累计吸热量以及制冷季、供暖季静止水体的极限温升、温降以及全年温度变化曲线;

10 设计方案技术经济性分析、效益与风险分析。

4.4.2 地表水换热系统的最大瞬时换热量按式(4.4.2)计算:

$$Q = \rho V C_p \Delta T \quad (4.4.2)$$

式中 Q——对应水体允许的最大取水流量下的最大瞬时换热量(kW);

ρ——水体密度(kg/m³);

V——水体允许的最大取水流量(m³/s);

C_p——水体的定压比热,取 4.18 kJ/(kg·°C);

ΔT——对应水体允许的排放水温度下的供、回水温差(°C)。

5 地埋管换热系统

5.1 一般规定

5.1.1 地埋管换热系统的埋管方式应根据可应用面积、专项勘察结果及施工成本等因素确定。

地埋管换热系统设计时应明确埋管区域内各种地下管线的种类、位置、深度，预留未来地下管线所需的埋管空间及埋管区域进出重型设备的车道位置。

5.1.2 地埋管换热系统设计应进行全年动态负荷计算，最小计算周期宜为1年。计算周期内，地埋管换热系统总释热量宜与总吸热量相平衡。

5.1.3 当采用单一的地埋管换热系统不合理、不经济、实施难度较大或建设工程建筑容积率大于2.0时，宜采用复合式地源热泵系统。

5.1.4 地埋管换热器的长度应根据计算确定，并应考虑岩土体热物性、建筑负荷特性、管材、回填材料及回填工艺、地下水等对换热性能的影响。

5.1.5 地埋管换热器管内流体应保持紊流流态，水平环路集管的坡度宜为0.002；水环路集管不应计入地埋管换热器的有效长度。

5.1.6 地埋管换热器环路两端应分别与水环路供、回水集管相连接，且宜采取同程式布置。

5.1.7 地埋管换热器宜结合热泵机组的设计方案分区设置，为地埋管换热系统各换热环路的间歇运行提供条件。

5.1.8 实施了岩土热响应试验的工程项目，应利用岩土热响

应试验结果进行地埋管换热器的设计,且符合下列要求:
  1 夏季运行期间,地埋管换热器出口最高温度宜低于31.5 ℃;
  2 冬季运行期间,不添加防冻剂的地埋管换热器进口最低温度宜高于4 ℃。
5.1.9 地埋管换热器应避让室外排水设施,并宜靠近地源热泵机房设置。
5.1.10 地埋管换热系统的管路及部件的工作压力不应大于其承压能力。
5.1.11 当采用建筑筏板基础下埋管时,应不引起地基承载力的变化。当管道穿越筏板时,应采取严格的防水措施。

5.2 地埋管换热系统设计负荷计算

5.2.1 地埋管换热系统设计释热量应与其所承担的设计冷负荷相对应。设计释热量包括各空调系统的水源热泵机组释放到循环水中的热量以及附加得热量。
5.2.2 地埋管换热系统设计吸热量与其所承担的设计热负荷相对应。设计吸热量包括各空调系统的水源热泵机组从循环水中的吸热量以及附加失热量。
5.2.3 地埋管换热系统的设计释热量和设计吸热量相差不大的工程,应分别计算供热与供冷工况下地埋管的长度,取其大者确定地埋管换热器。

5.3 竖直地埋管换热器设计

5.3.1 可利用的埋管区域面积较小,且地质条件适宜,宜采用竖直地埋管换热器。

5.3.2 单 U 形管内流速不宜小于 0.6 m/s，双 U 形管内流速不宜小于 0.4 m/s。

5.3.3 地埋管换热器应根据地质条件、岩土的热物性和换热器形式确定埋管参数。竖直地埋管换热器埋管深度宜取 40～110 m；钻孔孔径不宜小于 0.11 m，相邻钻孔间距应满足换热需求，中心间距宜取 4～6 m。水平连接管的深度距地面不宜小于 1.5 m。

5.3.4 地埋管换热系统应根据岩土热物性确定回填材料。回填材料的导热系数不宜低于周围岩土体的导热系数。对桩基埋管换热器，回填材料还应满足桩基强度的要求。同时，回填料不得对地下水质造成污染。

5.4 水平地埋管换热器设计

5.4.1 空调负荷较小、埋管区域面积较大、地质条件适宜的建设项目，经技术经济比较，可采用水平地埋管。

5.4.2 水平地埋管换热器宜进行分组连接，并应在各环路的总接口处设置检查井，井内设置相应的阀门。

5.4.3 水平地埋管换热器可不设坡度，最上层地埋管距地面不宜小于 0.8 m。

5.5 地埋管换热系统水力计算

5.5.1 地埋管换热系统设计时，应根据选用的传热介质的水力特性进行水力计算，地埋管阻力损失可参照附录 B 计算。

5.5.2 地埋管换热系统设计时，应在水力计算基础上，合理确定循环水泵的流量和扬程。

5.6 地埋管管材与传热介质

5.6.1 地埋管管材及管件选择应符合设计和相关规范的要求，且应具有质量检验报告和生产厂的合格证。

5.6.2 地埋管管材及管件应符合下列规定：

　　1 地埋管应考虑岩土体和地下水的化学性质，采用化学稳定性好、耐腐蚀、导热系数大、流动阻力小的塑料管材及管件，管件与管材宜为相同材料，管材寿命不小于50年。

　　2 地埋管质量应符合国家现行标准中的各项规定。管材的公称压力及使用温度应满足设计要求，且管材的公称压力不应小于1.0 MPa。地埋管外径及壁厚可按附录C的规定选用。

5.6.3 传热介质应以水为首选，也可选用符合下列要求的其他介质：

　　1 安全，与地埋管管材无化学反应；

　　2 良好的传热特性，较低的摩擦阻力；

　　3 较低的冰点；

　　4 易于购买、运输和储藏。

5.6.4 在有冻结可能的管路系统中，传热介质应添加防冻剂。防冻剂的类型、浓度及有效期应在充注阀处注明。

5.6.5 添加防冻剂后的传热介质的冰点宜比设计最低运行水温低 3~5 ℃。选择防冻剂时，应考虑防冻剂的安全性、经济性及其对换热的影响。

6 地下水换热系统

6.1 一般规定

6.1.1 地下水换热系统应根据水文地质勘察资料进行设计。地下水换热系统必须采取可靠的回灌措施，确保换热后地下水全部回灌到同一含水层，并不得对地下水资源造成浪费和污染。

6.1.2 地下水换热系统的持续出水量应满足地下水换热系统设计释热量或吸热量的需要。当不能满足要求时，应采用复合式地源热泵系统。

6.1.3 地下水换热系统应根据水源水质条件采用直接或间接换热系统；地下水供水管道宜保温。

6.1.4 根据地下水换热系统供水方式、建筑物空调冷（热）量、水源热泵机组性能、地下水温等因素，确定地下水换热系统总供水量。总供水量的确定参见附录D。

6.2 取水与回灌

6.2.1 抽水井和回灌井的数量，应根据专项勘察提供的单井供水量、群井供水量、回灌率，结合换热系统用水方案确定。

6.2.2 抽水井及回灌井平面位置应符合下列要求：

1 根据专项勘察报告和可行性评价报告，结合工程开发情况，确定抽水井和回灌井井位；

2 根据地下水位的季节性动态变化、影响半径、渗透系数、水力坡度等参数，确定抽水井之间的距离；

3 根据工程区岩土体的结构和现场试验数据，结合水位变化等因素，综合确定回灌井与抽水井、回灌井与回灌井之间的距离。

6.2.3 抽水井和回灌井的布置不得对建筑物的安全造成影响。

6.2.4 井身结构设计应符合下列规定：

1 根据主要含水层的分布，确定抽水井结构。渗透性相对良好且连续分布厚度较大的含水层，应适当提高滤水管段的比例；渗透性或连续性较差的含水层，应设计适当的滤水管段比例。

2 平原松散地层区抽水井井管内径不应小于300 mm，基岩地区抽水井井管内径应大于200 mm，且应比取水泵外径大40 mm以上。

3 根据地下水化学特征，合理选取井管材质。地下水对钢材具有较强腐蚀性的地区，不宜使用钢材作为井管；地下水对混凝土具有较强腐蚀性的地区，不宜使用混凝土井管。

4 充分考虑抽水井和回灌井的使用寿命、地下岩土体应力变化对井管结构的不利影响、地下水对井管的腐蚀作用等，确定成井管壁厚。钢材料井管实际壁厚不应小于8 mm；混凝土井管壁厚不应小于30 mm，且宜选择加强型混凝土井管。

5 根据用水需求确定抽水井及回灌井的孔隙率，从而合理设计滤水管段的长度。根据含水层的纵向分布特点，合理布局滤水管的位置。

6 滤料宜使用当地天然滤料。抽水井滤料粒径宜为2~10 mm，回灌井滤料粒径宜为5~20 mm。

7 系统采用抽水井和回灌井互换的方式时，抽水井和回灌井的设计应采取回扬措施，防止回灌井堵塞和延长其使用寿命。

6.2.5 回灌井结构应按照勘察成果资料，充分考虑地下含水层结构、含水层组成物质的粒径进行设计。

6.2.6 回灌井井深应根据当地含水层分布情况进行设计，可小于抽水井井深。

6.2.7 地下水回灌方式宜采用自然回灌。特殊情况，在不改变含水层渗透率的前提下，可采用加压回灌的方式。

6.2.8 抽水管和回灌管上应设置计量装置、排气装置、水样采集口及监测口。

6.2.9 回灌水管出水孔段宜布置在主要含水层厚度的 1/2 附近。

6.2.10 抽水井及回灌井的设置应避开有污染的地面或地层。井口应严格封闭，井内装置的材料不得对地下水造成污染。

6.2.11 抽水井及回灌井的井口处应设检查井。井口之上若有构筑物，应留有足够的检修空间。

6.3 直接地下水换热系统

6.3.1 抽水井的供水水质或经水处理后的水质满足热泵机组对水质的要求时，宜采用地下水直接流经水源热泵机组的方式。

6.3.2 抽水泵的流量应根据单井的流量-降深曲线（Q-S 曲线）确定，并考虑适当的安全裕量。

6.3.3 抽水泵扬程应按式（6.3.3）计算：

$$H = H_1 + H_2 \tag{6.3.3}$$

式中 H——抽水泵的扬程（m）;
H_1——动水位液面到泵座出口测压点的垂直距离（m）;
H_2——系统阻力，含局部阻力和沿程阻力（m）。

6.4 间接地下水换热系统

6.4.1 地下水水质、水温不能满足水源热泵机组的使用要求或水处理成本过高时,宜在地下水和水源热泵机组之间增设中间换热器。

6.4.2 采用分散小型单元式水源热泵机组时,宜在地下水与水源热泵机组之间加设中间换热器。

7 地表水换热系统

7.1 一般规定

7.1.1 地表水换热系统的形式应根据源水水体的水质、水温、水位和航道等因素综合确定。

7.1.2 地表水换热系统的换热量应满足地表水换热系统设计吸热量或释热量的需要；当不能满足要求时，应采用复合式地源热泵系统。

7.1.3 地表水热能利用后，应对排入水体作热污染影响评价，地表水换热系统对地表水体的温度影响应限制在：周平均最大温升≤1 ℃，周平均最大温降≤2 ℃。

7.2 开式地表水换热系统

7.2.1 源水水质或经水处理后的水质满足热泵机组对水质的要求时，宜采用地表水直接流经水源热泵机组的方式。

7.2.2 当源水杂质较多、含盐度及其他矿化物浓度较高或水处理成本过高时，宜在源水与水源热泵机组之间增设中间换热器。中间换热器宜采用壳管式换热器。

7.2.3 开式地表水换热系统取水口应选择水温较佳、水质较好的位置，并应避免取水与排水热短路。取水口应设置污物粗过滤装置且应有便于清洗的措施。

7.2.4 取水构筑物的位置应在保证水质的前提下，尽量靠近地源热泵机房。

7.2.5 开式地表水换热系统循环水泵的安装高度应满足水泵

允许吸水高度的要求,水力计算时应结合水质条件对比摩阻进行修正。

7.3 闭式地表水换热系统

7.3.1 源水水质较差或水体环境要求较高、水体有一定深度且水温适合时,宜采用闭式地表水换热系统。闭式地表水换热系统不宜用于水深小于 3 m 的静止水体。

7.3.2 闭式地表水换热器形式应根据设计换热量、水体底部的形态、水体的深度、可利用的地表水面积、水质等因素比较确定。换热盘管的管间距确定还应考虑满足水体中主要杂质顺利通过的要求。

7.3.3 闭式地表水换热器的换热特性及其选型应通过计算或试验确定。

7.3.4 闭式地表水换热器管路及部件的工作压力不应大于其承压能力。

7.3.5 闭式地表水换热器底部与水体底部的距离不宜小于 0.2 m,顶部与最低水位的距离不应小于 1.5 m。每组换热盘管间应保持一定的距离,并应有可靠的固定措施。

7.3.6 换热盘管管材及管件应符合本规程第 5.6.2 条的相关规定。

7.3.7 传热介质应以水为首选。在有冻结可能的地区,传热介质应添加合适浓度的防冻剂。防冻剂选择应符合本规程第 5.6.5 条的相关规定。

7.3.8 闭式地表水换热器选择计算时,应符合下列要求:

    1 制冷工况下,地表水换热器出口最高温度宜低于 31.5 ℃,设计进、出水温差不应小于 5 ℃;

2 制热工况下，不添加防冻剂的地表水换热器进口最低温度宜高于 4 ℃。

7.3.9 闭式地表水换热器内传热介质应保持紊流状态。

7.4 取水、排放水及取水构筑物

7.4.1 地表水取水构筑物位置的选择，应在可行性研究和专项勘察基础上，通过技术经济比较确定，并满足下列规定：
   1 位于水质较好，受泥沙、漂浮物等影响较小的地带；
   2 取水扬程低、输水距离短；
   3 具有良好的施工场所和地质、地形条件；
   4 靠近岸线，有足够的水深，避开河床淤积带；
   5 靠近主流，不妨碍航运、排洪和涉河建（构）筑物，并符合河道、湖泊、水库整治规划的要求；
   6 不得妨碍现有城镇供水及其他已有自用水源的正常取水。

7.4.2 在江、河水源取水时，取水位置的确定应考虑水位、含砂量、藻类及河床冲淤和回流变化等影响。在湖、库水源取水时，取水位置宜设于水流汇入处，不宜设置在淤泥较多地区和常年主导风向的下风侧。湖、水库水源取水宜取中下层水，并采取防止卷吸表层水的措施和抑藻、防藻措施。

7.4.3 取水量按换热系统设计工况下的最大流量进行计算，并考虑水处理设施的自用水量。设计中宜选用反冲洗水量和水损失量较小的水处理设备。

7.4.4 地表水水源热泵系统的取水量不得影响城镇供水及其他主要用途的取水要求。

7.4.5 设计枯水位的保证率宜与建筑供热和空调的要求相适

应,宜为 90%~99%。采用干式泵房时,设计洪水位宜与城市防洪标准一致。

7.4.6 当建筑物供热和空调要求较高时,取水头部的个数应大于 2 个。地源热泵工程分期实施时,固定式取水头部宜分设两个或分成两格,按远期设计一次建成。采用多个取水头部时,应考虑对取水量和排砂等的相互影响。

7.4.7 河床式取水构筑物宜选用具有较高除砂能力的防堵取水头部。

7.4.8 取水构筑物或取水头部的进水孔上缘在设计最低水位下的深度、最底层进水孔的位置以及自流管或虹吸管的设计等应满足《室外给水设计规范》GB 50013 的要求,同时应满足航运的相关要求。

7.4.9 地表水换热系统排放口应根据受纳水体的特点采用适宜的布置方式。

7.4.10 地表水换热系统的排放水宜考虑一水多用及能量的梯级利用。

7.4.11 当直接排放时,地表水换热系统排放水可利用市政雨水管道进行排放,但应保证暴雨时期雨水的排放通畅,并应得到有关部门的批准。

7.4.12 地表水换热系统排放水直接排放时,应根据高差和流量考虑设置相应的消能措施。

7.4.13 排水管道的材质和连接方式等应满足《给水排水管道工程施工及验收规范》GB 50268 的有关规定。

8 地热能输配系统

8.1 一般规定

8.1.1 地热能输配系统宜采用变流量系统。

8.1.2 地热能输配系统中的水泵、阀门、管道附件等设计与选择应符合国家现行相关规范的要求。

8.1.3 地源热泵系统的辅助加热不得采用直接电加热方式。

8.1.4 中间换热器的选择应符合下列要求：

  1 传热性能好、流通阻力小、耐腐蚀，在使用压力和温度下安全可靠；

  2 换热器应根据地下水或地表水水温和水质选型及选材；

  3 设中间换热器的地埋管换热系统、间接地下水换热系统宜选择板式换热器，开式地表水换热系统宜选择壳管式换热器；

  4 换热器进口处应设置过滤器。

8.2 输配系统

8.2.1 地埋管和闭式地表水换热系统每对供、回水环路集管连接的换热环路数宜相等，输配系统宜为同程式系统。供、回水环路集管的间距不宜小于 0.6 m。地埋管换热系统应在各分区环路的接口处设置检查井，井内设置相应的阀门。

8.2.2 地热能输配系统的室外管道宜采用直埋敷设，管道的直埋深度等应符合有关技术规定。

8.2.3 地下水换热系统、地表水换热系统的供水管及地埋管换热系统的供水环路集管应保温,地面下 10 m 内的 U 形换热器出水管宜保温,其他直埋管道可不保温。裸露的供、回水管道及其他可能出现冻结的管道和管件应保温。

8.2.4 闭式换热系统的水环路应有排气、定压、膨胀、自动补水装置,并宜设置泄漏报警装置。补水管应设过滤及计量装置。

8.3 水处理

8.3.1 进入水源热泵机组或中间换热器的水质不能满足设备对水质的要求时,应进行水处理。

8.3.2 水处理工艺流程应根据源水水质、设计生产能力、热泵机组或中间换热器的水质要求,通过技术经济比较确定。

8.3.3 开式地热能换热系统的水处理方式不得对水体造成污染。水处理应采用物理处理方式,不得采用加药等化学处理方式。

8.3.4 开式地表水换热系统中,水源热泵机组前的过滤器宜设置连续反冲排污功能,过滤器目数应根据设备对杂质粒径的要求确定。

8.3.5 开式地表水换热系统源水侧环路宜设置防止换热表面结垢的免拆卸清洗系统。

8.3.6 水处理工艺或设备应与换热系统的设置相适应,并满足系统正常运行的需求。

8.4 中间换热

8.4.1 中间换热器设计应满足换热量的需要。水源热泵机组集中设置时,中间换热器的台数和容量应与热泵机组相匹配。分散设置单元式水源热泵机组的系统,中间换热器不宜少于 2 台。

8.4.2 中间换热器材质的耐腐蚀和耐磨损能力应与水质、水温和水压情况相适应。材质的选择应通过技术经济比较确定。

8.4.3 确定中间换热器两侧流体的进、出口设计温度及阻力损失时,应综合考虑系统节能运行和初投资两方面的因素。当中间换热器选用板式换热器时,设计接近温度不应大于 2 ℃。选用壳管式换热器时,设计接近温度不宜大于 3 ℃。中间换热器的水阻不宜大于 50 kPa。

9 地源热泵机房设计

9.1 一般规定

9.1.1 地源热泵机房设计应符合现行国家及行业相关规范和标准的规定。

9.1.2 应根据建筑的特点及使用功能确定水源热泵机组的设置方式。

9.1.3 开式地表水换热系统或直接地下水换热系统的水源热泵机组宜采用满液式机组，制冷、制热工况转换宜选用制冷剂侧转换的方式。

9.1.4 在水源热泵机组和中间换热器选择计算时，应选取合理的污垢系数。

9.1.5 在水源热泵机组外进行制冷、制热工况转换的地源热泵系统应在水系统上设置可靠的工况转换阀门。

9.1.6 在技术经济合理的前提下，宜采用地源热泵系统提供（或预热）生活热水。其提供方式应采用换热设备间接供给。

9.1.7 集中布置的大型水源热泵机组台数的选择，应能适应负荷全年变化规律，满足季节及部分负荷要求，一般不宜少于2台。分散布置的小型水源热泵机组应具备良好的调节性能。

9.1.8 用于生活热水供应的热泵热水机组，机组数量不宜少于2台；选用1台机组时宜采用多压缩机、多制冷回路的多机头热泵热水机组。

9.1.9 水源热泵机组应按设计工况修正制冷量、制热量及电机输入功率。

9.1.10 地源热泵系统的制冷系统设计能效比（$EERr$），应满足表 9.1.10 的规定。

表 9.1.10 制冷系统设计能效比限值

地源热泵系统总制冷量（kW）	$EERr$（kW/kW）	
	地埋管及地表水换热系统	地下水换热系统
$Q_r \leq 1100$	≥4.30	≥4.60
$1100 < Q_r \leq 3500$	≥4.55	≥4.90
$Q_r > 3500$	≥4.95	≥5.30

9.1.11 选用的水源热泵机组应具有能量调节功能，机组的性能应满足国家标准《水源热泵机组》GB/T 19409 中的规定。

9.2 水源热泵机组

9.2.1 水源热泵机组正常的工作温度应与换热系统的供水温度变化范围相适应。大型地源热泵系统可根据换热系统供水温度变化范围定制专用的水源热泵机组。

9.2.2 换热系统中添加防冻液时，应对水源热泵机组的制冷量、制热量和换热器阻力进行修正。机组的蒸发器和冷凝器应具有良好的抗腐蚀能力。

9.2.3 选择水源热泵机组时，其工质必须符合有关环保要求；采用过渡工质时，应满足禁用时间表的规定。

9.2.4 水源热泵机组的启停应具有与输配系统循环水通断联锁的措施。

9.2.5 为减少机组制热运行时冷凝器热量散失，除对蒸发器进行保温外，冷凝器也应保温。

9.2.6 以空调制冷为主且有生活热水需求的场所，宜选用热回收型水源热泵机组。专为生活热水提供热源时，应选用热泵热水机组。

9.2.7 带热回收功能的水源热泵机组在满足需要的情况下应取较低的热水供水温度。

9.3 地源热泵机房设计

9.3.1 集中布置的水源热泵机组与循环泵之间宜按一机对一泵设置。多台循环泵与水源热泵机组之间采用共用集管连接时，每台水源热泵机组的进口或出口管道上应装电动阀，电动阀应与对应运行的水源热泵机组联锁。

9.3.2 地热能交换系统的供水温度低于 18 ℃ 时，宜直接利用换热系统的循环水对空气进行预冷或冷却处理。

9.3.3 地热能交换系统的供水温度较低时，水源热泵机组在制冷运行工况下，应采取措施，保证进水温度不低于制冷工况正常运行允许的最低限值。

9.3.4 房间使用时间差异较大的建筑宜采用分散系统。

9.3.5 地源热泵机房不应与客房、卧室或对振动、噪声有较高要求的房间贴邻。

9.3.6 水源热泵机组、循环水泵等设备、管路及部件的工作压力不应大于其承压能力。

9.4 水环式地源热泵系统

9.4.1 办公、商业等建筑需要同时供冷与供热时，宜采用水环式地源热泵系统。

9.4.2 采用分散式小型水源热泵机组的换热系统，在系统布置和管径选择时，应减少并联环路之间的压力损失相对差值。当相对差值超过15%时，应采取水力平衡措施。

9.4.3 除产品的技术性能允许外，水-空气水源热泵机组不应直接用于处理室外新风。

9.4.4 小型水-空气热泵机组设置在空调房间时，应采取有效的消声和隔振措施。房间噪声标准要求高时，宜采用分体型水-空气热泵机组。

9.4.5 落地式水-空气水源热泵机组宜设置在空调机房内。

10 监测与控制

10.1 一般规定

10.1.1 地源热泵系统应设置监测与控制系统。

10.1.2 监测与控制系统应根据建筑功能、相关标准、系统类型等通过技术经济比较确定，内容主要包括：
　　1　运行参数检测；
　　2　参数与设备状态显示；
　　3　用能分项计量；
　　4　调节与工况转换；
　　5　设备联锁与自动保护，等等。

10.1.3 地源热泵系统的监测及控制系统设计应符合现行《民用建筑供暖通风与空气调节设计规范》GB 50736、《公共建筑节能设计标准》GB 50189、《自动化仪表工程施工及验收规范》GB 50093等规范或标准的规定。

10.1.4 中央级监控管理系统应符合下列要求：
　　1　应能以与现场测量仪表相同的时间间隔和测量精度连续记录，显示各系统运行参数和设备状态，其存储介质和数据库应能保证连续记录一年以上的运行参数；
　　2　应能计算和定期统计系统的能量消耗、各台设备连续和累计运行时间；
　　3　应能改变各控制器的设定值，并根据节能控制程序自动进行系统和设备的自动启停和调节；
　　4　应设立权限控制等安全机制，并宜设置可与其他弱电系统数据共享的集成接口；

5 应有参数越线报警、事故报警及报警记录功能，并宜设有系统或设备故障诊断功能。

10.2 监测要求

10.2.1 地源热泵系统应对下列参数进行监测：
    1 水源热泵机组蒸发器进、出口水温和压力；
    2 水源热泵机组冷凝器进、出口水温和压力；
    3 地热能交换系统进、出口温度和压力；
    4 中间换热器一、二次侧进、出口的温度和压力；
    5 循环水泵的进、出口压力；
    6 水过滤器及水处理装置的前后压差；
    7 水源热泵机组、中间换热器、工况转换阀门、联锁阀门、水泵的启停；
    8 系统冷、热量的瞬时值和累积值；
    9 室外空气温度、湿度。

10.2.2 地热能交换系统宜设置温度高(低)限和压力高(低)限报警。

10.2.3 地埋管换热器宜根据分组情况选择典型位置换热器，在其管壁外表面布置温度监测装置。

10.2.4 地源热泵系统应对地热能交换系统的循环水总流量进行监测。宜对地热能交换系统的各分组环路流量进行监测。

10.2.5 地埋管换热系统宜设置监测井，对岩土温度变化、地下水环境变化等进行监测。建筑面积超过 20000 m^2 的项目，监测井不应少于 2 个。

10.2.6 地下水换热系统应对抽水量、回灌量、水质、水温、水位变化等进行监测。

10.2.7 地表水换热系统应对水质、水温、水位变化、水体生态等状态进行监测。

10.3 控制要求

10.3.1 水源热泵机组应优先采用由冷(热)量优化控制运行台数的方式；采用自动运行方式时，空调水系统和地热能交换系统中各相关设备及附件与水源热泵机组应进行电气联锁，顺序启停。

10.3.2 应设置水源热泵机组进水口温度高于其最高允许温度的停机保护措施，当进水温度超过允许值时，应停机。

10.3.3 供热时，地热能交换系统循环水进(出)口温度低于水源热泵机组的下限设定值时，应触发启动辅助加热系统。辅助加热系统应根据进水温度控制加热量。

10.3.4 辅助加热系统开启后，地热能交换系统循环水的取热量不能满足供热量的需要，出口温度低于水源热泵机组的下限设定值且仍在继续下降时，应触发停机保护。

10.3.5 冬季制冷运行的地源热泵系统，宜在地热能交换系统的供、回水管之间安装旁通控制阀，根据水源热泵机组的允许最低进水温度对旁通阀进行控制。

10.3.6 当地埋管换热器分区设置时，宜设置电动通断阀门进行分组控制，使其能在水源热泵机组对应的部分负荷下分组交替运行。

10.3.7 闭式地热能交换系统采用变流量时，应根据换热系统的供、回水静压差对循环泵进行变流量控制。开式地热能换热系统循环水系统采用变流量时，应根据供水管上定压点的水静压对换热系统循环水泵进行变流量控制。

10.3.8 水源热泵机组宜根据供、回水温度对地源换热器组群、辅助散热/加热系统进行切换和启停控制。

10.3.9 集中监控系统宜建立与水源热泵机组之间的通信，实现集中监控系统的中央主机对水源热泵机组运行参数的监测和控制。

附录 A 成都市地质水文区划图

根据成都市"十一五"科技发展规划重大专项建筑节能分项 8—3"适应成都气候的地（水）源热泵关键技术与配套产品研究与示范"课题组的研究成果，图 A.0.1～A.0.7 给出了成都地区地质水文区划图，从区划图可查到成都地区 9 区 10 县的地形地貌、地质分层、基岩埋深、地下水埋深、地下含水层厚度、地下水分布等信息。

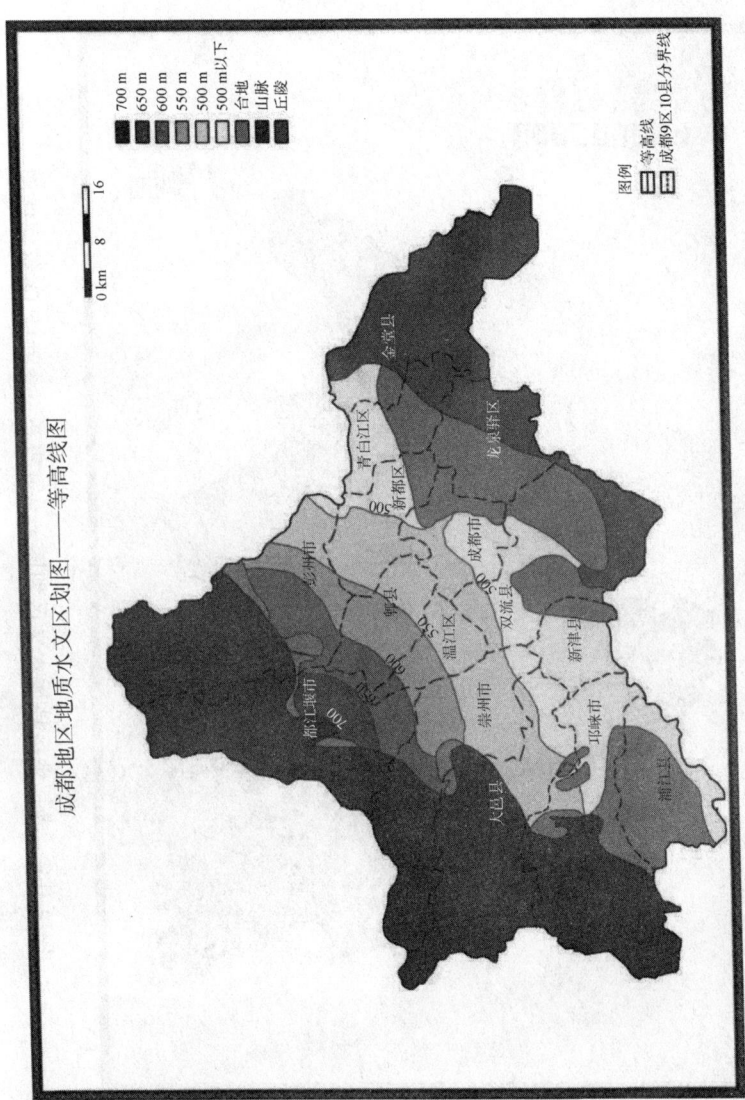

图 A.0.1 成都地区地质水文区划图——地面等高线

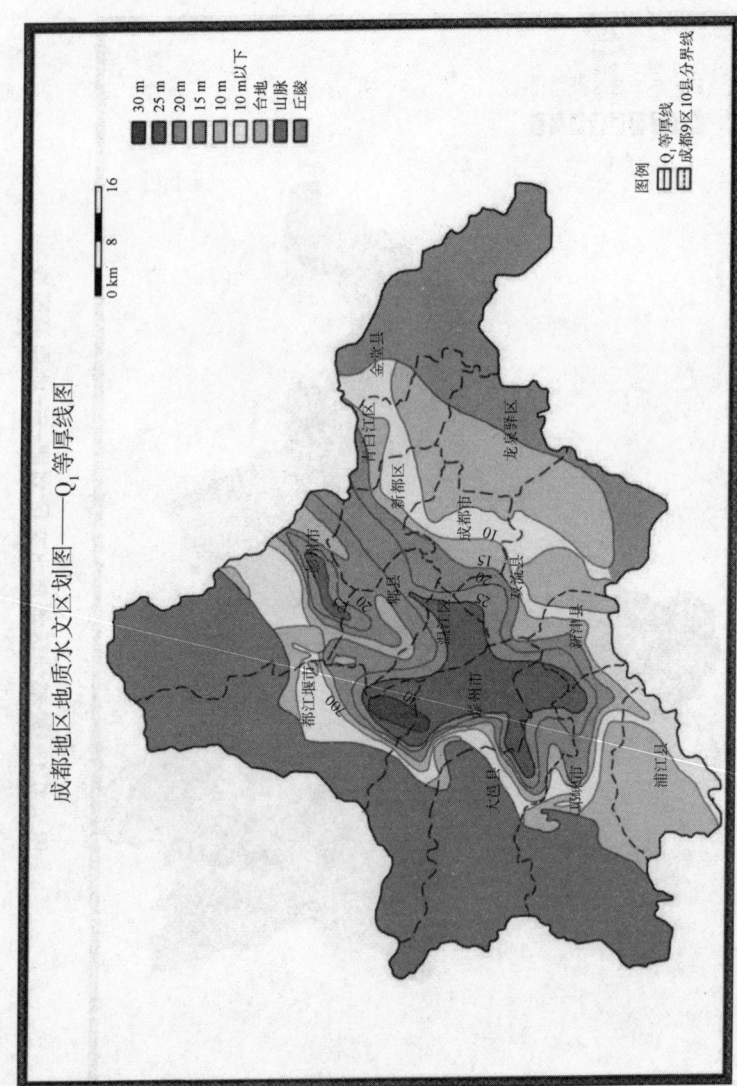

图 A.0.2 成都地区地质水文区划图——第四系下更新统 Q_1 等厚线图

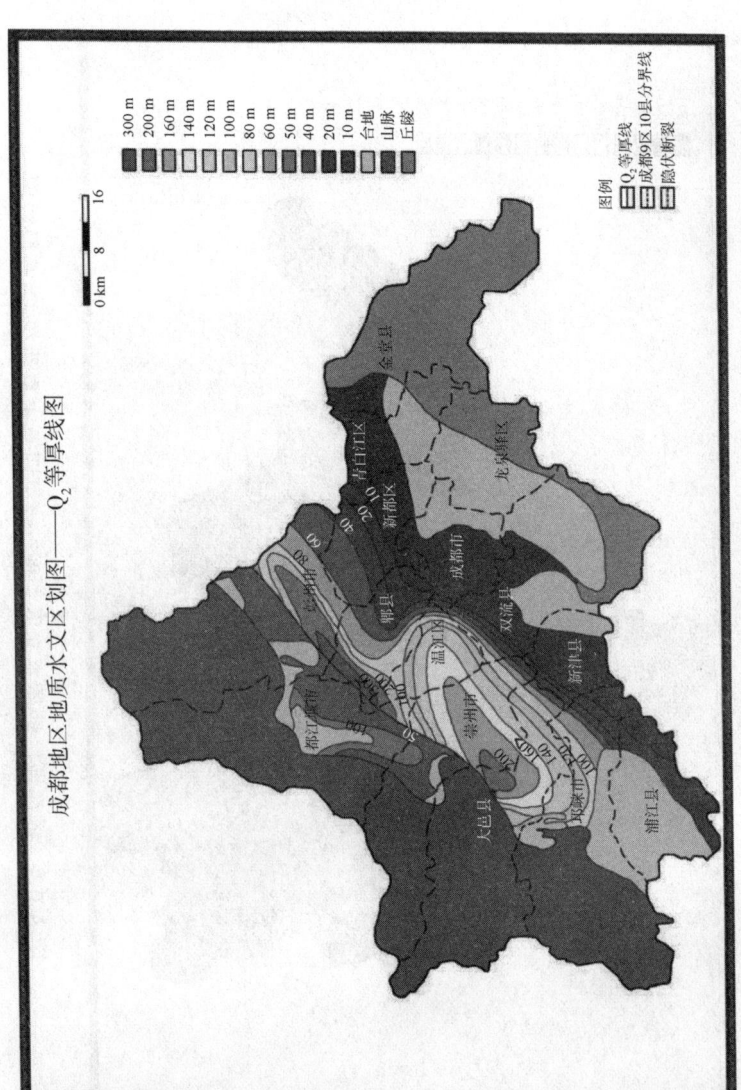

图 A.0.3 成都地区地质水文区划图——第四系中更新统 Q_2 等厚线图

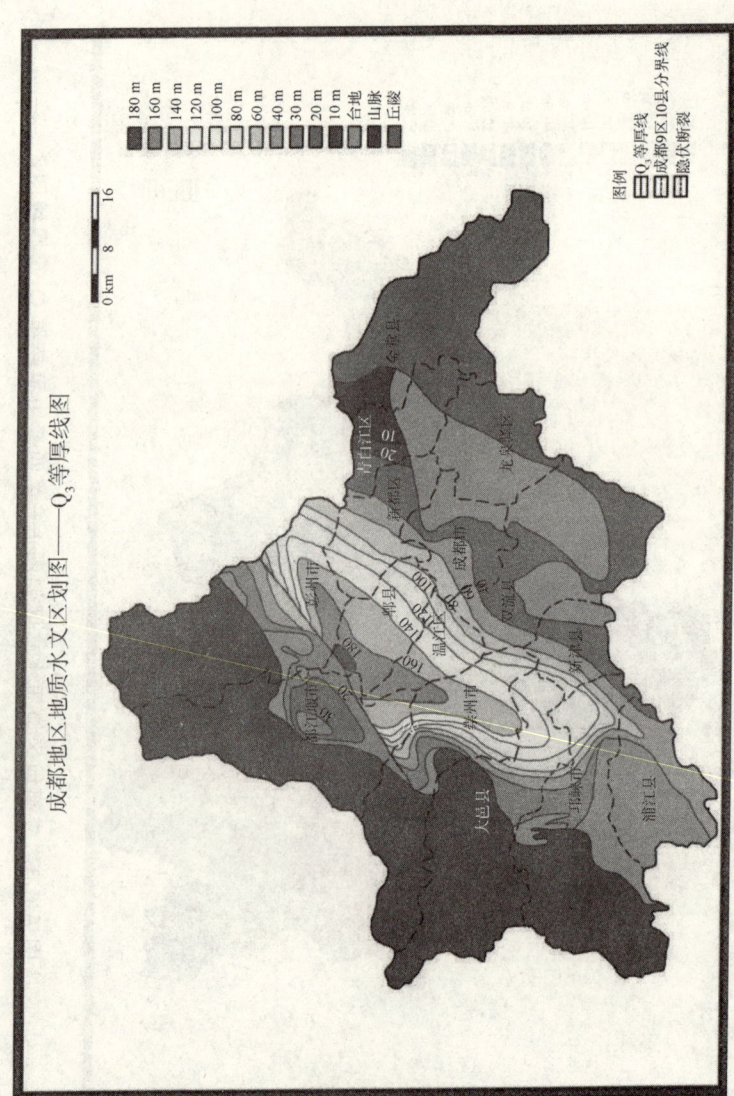

图 A.0.4 成都地区地质水文区划图——第四系上更新统 Q_3 等厚线图

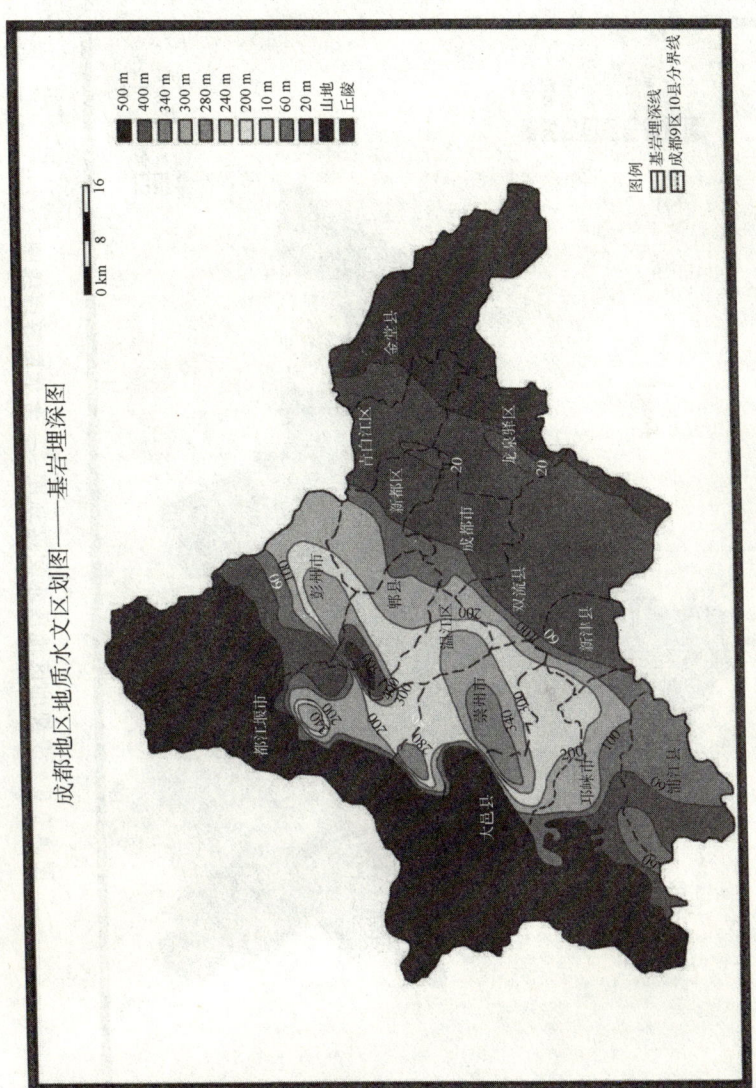

图 A.0.5 成都地区地质水文区划图——基岩埋深图

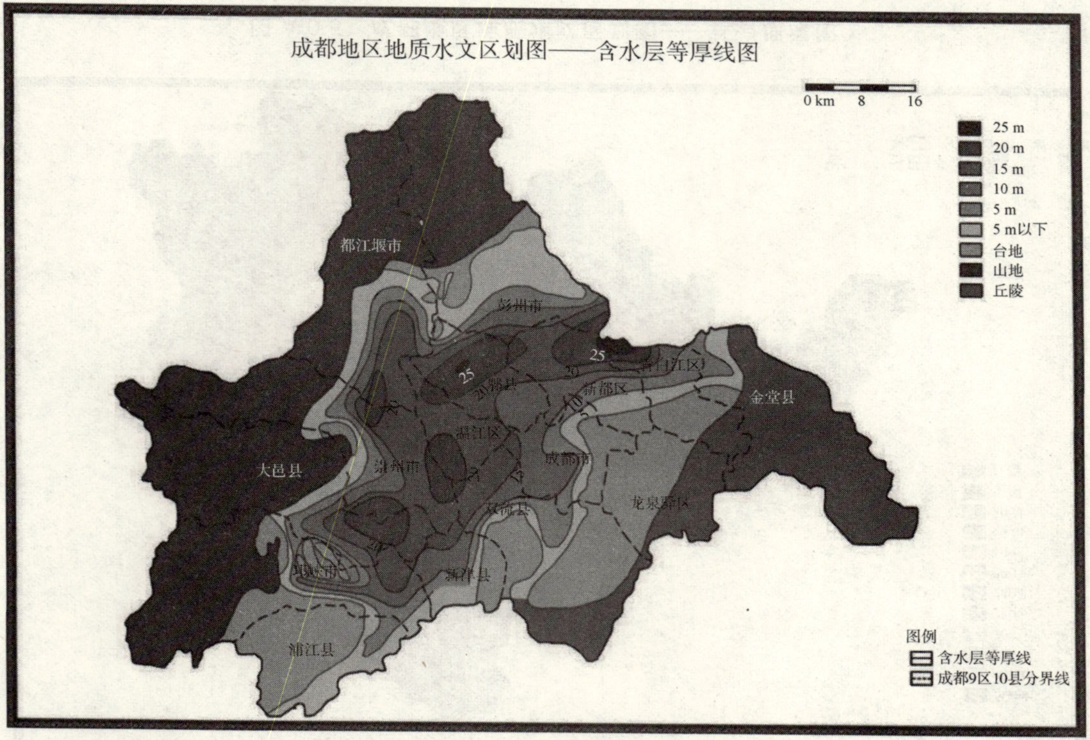

图 A.0.6 成都地区地质水文区划图——含水层等厚线图

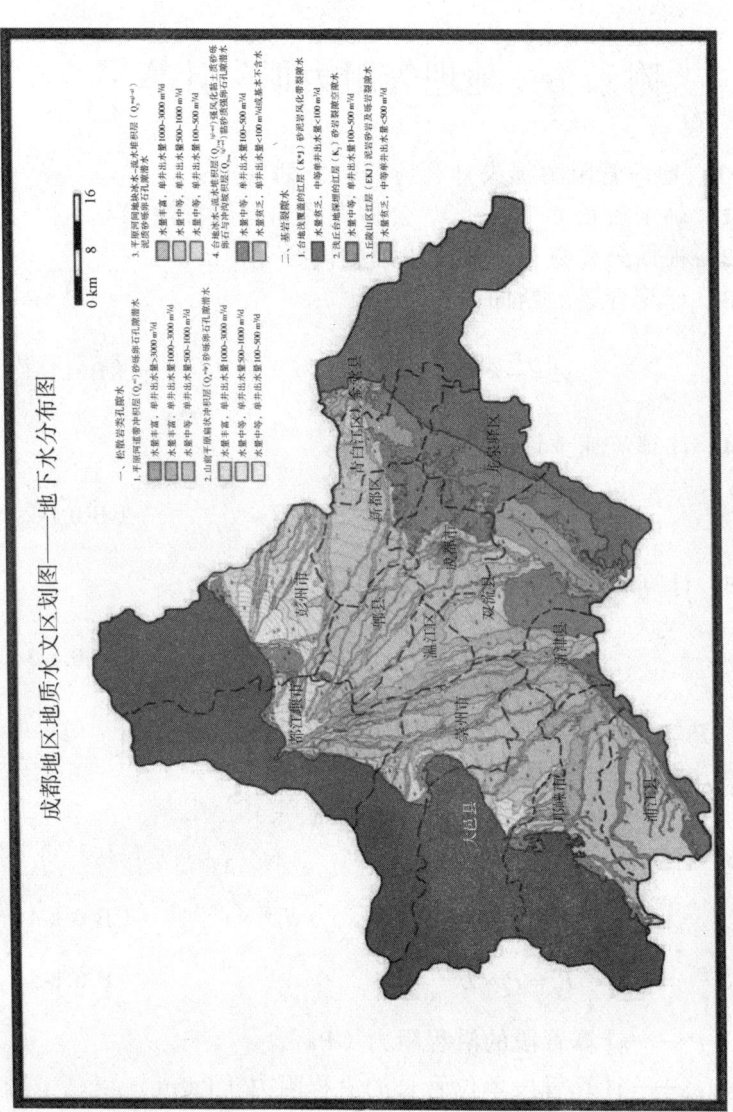

图 A.0.7 成都地区地质水文区划图——地下水分布

附录 B 地埋管阻力损失计算

B.0.1 地埋管阻力损失计算应符合下列要求：
 1 确定流量 G（m³/h）、公称直径和流体特性。
 2 根据公称直径，确定管道的内径 d_j（m）。
 3 计算管道的断面面积 A（m²）：

$$A = \frac{\pi}{4} \times d_j^2 \quad\quad (B.0.1-1)$$

 4 计算流速 v（m/s）：

$$v = \frac{G}{3600 \times A} \quad\quad (B.0.1-2)$$

 5 计算管道的雷诺数（Re）：

$$Re = \frac{\rho v d_j}{\mu} \quad\quad (B.0.1-3)$$

式中 Re——管内流体的雷诺数；
   ρ——管内流体的密度（kg/m³）；
   μ——管内流体的动力粘度（Pa·s）。
 6 计算管段的沿程阻力：

$$P_d = 0.158 \times \rho^{0.75} \times \mu^{0.25} \times d_j^{1.25} \times v^{1.75} \quad\quad (B.0.1-4)$$

$$P_y = P_d \times L \quad\quad (B.0.1-5)$$

式中 P_y——计算管段的沿程阻力（Pa）；
   P_d——计算管段单位管长的沿程阻力（Pa/m）；
   L——计算管段的长度（m）。

7 计算管段的局部阻力：

$$P_j = P_d \times L_j \quad (B.0.1\text{-}6)$$

式中 P_j——计算管段的局部阻力（Pa）；
L_j——计算管段管件的当量长度（m），见表 B.0.1。

8 计算管段的总阻力损失 P_z（Pa）：

$$P_z = P_y + P_j \quad (B.0.1\text{-}7)$$

表 B.0.1 管件当量长度表

名义管径		弯头的当量长度（m）				T形三通的当量长度（m）			
		90°标准型	90°长半径型	45°标准型	180°标准型	旁流三通	直流三通	直流三通后缩小1/4	直流三通后缩小1/2
3/8″	dn10	0.4	0.3	0.2	0.7	0.8	0.3	0.4	0.4
1/2″	dn12	0.5	0.3	0.2	0.8	0.9	0.3	0.4	0.5
3/4″	dn20	0.6	0.4	0.3	1.0	1.2	0.4	0.6	0.6
1″	dn25	0.8	0.5	0.4	1.3	1.5	0.5	0.7	0.8
5/4″	dn32	1.0	0.7	0.5	1.7	2.1	0.7	0.9	1.0
3/2″	dn40	1.2	0.8	0.6	1.9	2.4	0.8	1.1	1.2
2″	dn50	1.5	1.0	0.8	2.5	3.1	1.0	1.4	1.5
5/2″	dn63	1.8	1.3	1.0	3.1	3.7	1.3	1.7	1.8
3″	dn75	2.3	1.5	1.2	3.7	4.6	1.5	2.1	2.3
7/2″	dn90	2.7	1.8	1.4	4.6	5.5	1.8	2.4	2.7
4″	dn110	3.1	2.0	1.6	5.2	6.4	2.0	2.7	3.1
5″	dn125	4.0	2.5	2.0	6.4	7.6	2.5	3.7	4.0
6″	dn160	4.9	3.1	2.4	7.6	9.2	3.1	4.3	4.9
8″	dn200	6.1	4.0	3.1	10.1	12.2	4.0	5.5	6.1

注：引自《地源热泵工程技术指南》（Ground-source heat pump engineering manual）。

附录 C 地埋管外径及壁厚

C.0.1 聚乙烯（PE）管外径及公称壁厚应符合表 C.0.1 的规定。

表 C.0.1 聚乙烯（PE）管外径及公称壁厚（mm）

公称外径 d_n	平均外径		公称壁厚/材料等级		
	最小	最大	公称压力		
			1.0 MPa	1.25 MPa	1.6 MPa
20	20.0	20.3	—	—	—
25	25.0	25.3	—	$2.3^{+0.5}$/ PE80	—
32	32.0	32.3	—	$3.0^{+0.5}$/ PE80	$3.0^{+0.5}$/ PE100
40	40.0	40.4	—	$3.7^{+0.6}$/ PE80	$3.7^{+0.6}$/ PE100
50	50.0	50.5	—	$4.6^{+0.7}$/ PE80	$4.6^{+0.7}$/ PE100
63	63.0	63.6	$4.7^{+0.8}$/PE80	$4.7^{+0.8}$/ PE100	$5.8^{+0.9}$/ PE100
75	75.0	75.7	$4.5^{+0.7}$/PE100	$5.6^{+0.9}$/ PE100	$6.8^{+1.1}$/ PE100
90	90.0	90.9	$5.4^{+0.9}$/ PE100	$6.7^{+1.1}$/ PE100	$8.2^{+1.3}$/ PE100
110	110.0	111.0	$6.6^{+1.1}$/ PE100	$8.1^{+1.3}$/ PE100	$10.0^{+1.5}$/ PE100
125	125.0	126.2	$7.4^{+1.2}$/ PE100	$9.2^{+1.4}$/ PE100	$11.4^{+1.8}$/ PE100
140	140.0	141.3	$8.3^{+1.3}$/ PE100	$10.3^{+1.6}$/ PE100	$12.7^{+2.0}$/ PE100
160	160.0	161.5	$9.5^{+1.5}$/ PE100	$11.8^{+1.8}$/ PE100	$14.6^{+2.2}$/ PE100
180	180.0	181.7	$10.7^{+1.7}$/ PE100	$13.3^{+2.0}$/ PE100	$16.4^{+3.2}$/ PE100
200	200.0	201.8	$11.9^{+1.8}$/ PE100	$14.7^{+2.3}$/ PE100	$18.2^{+3.6}$/ PE100
225	225.0	227.1	$13.4^{+2.1}$/ PE100	$16.6^{+3.3}$/ PE100	$20.5^{+4.0}$/ PE100
250	250.0	252.3	$14.8^{+2.3}$/ PE100	$18.4^{+3.6}$/ PE100	$22.7^{+4.5}$/ PE100
280	280.0	282.6	$16.5^{+3.3}$/ PE100	$20.5^{+4.1}$/ PE100	$25.4^{+5.0}$/ PE100
315	315.0	317.9	$18.7^{+3.7}$/ PE100	$23.2^{+4.6}$/ PE100	$28.6^{+5.7}$/ PE100
355	355.0	358.2	$21.1^{+4.2}$/ PE100	$26.1^{+5.2}$/ PE100	$32.2^{+6.4}$/ PE100
400	400V	403.6	$23.7^{+4.7}$/ PE100	$29.4^{+5.8}$/ PE100	$36.3^{+7.2}$/ PE100

C.0.2 聚丁烯(PB)管外径及公称壁厚应符合表 C.0.2 的规定。

表 C.0.2 聚丁烯（PB）管外径及公称壁厚（mm）

公称外径 d_n	平均外径		公称壁厚
	最小	最大	
20	20.0	20.3	$1.9^{+0.3}$
25	25.0	25.3	$2.3^{+0.4}$
32	32.0	32.3	$2.9^{+0.4}$
40	40.0	40.0	$3.7^{+0.5}$
50	49.9	50.5	$4.6^{+0.6}$
63	63.0	63.6	$5.8^{+0.7}$
75	75.0	75.7	$6.8^{+0.8}$
90	90.0	90.0	$8.2^{+1.0}$
110	110.0	111.0	$10.0^{+1.1}$
125	125.0	126.2	$11.4^{+1.3}$
140	140.0	141.3	$12.7^{+1.4}$
160	160.0	161.5	$14.6^{+1.6}$

附录 D 地下水换热系统总供水量的确定

D.0.1 制冷工况总供水量的确定。

$$m_{gw} = \frac{Q_c + N_c}{C_p(t_{gw2} - t_{gw1})} \quad （\text{D.0.1}）$$

式中 m_{gw}——地下水换热系统总供水量（kg/s）；
　　t_{gw1}——进入换热器的地下水温（°C）；
　　t_{gw2}——离开换热器的地下水温（°C）；
　　C_p——地下水的定压比热容[kJ/（kg·°C）]；
　　Q_c——建筑物空调冷量（kW）；
　　N_c——热泵机组制冷输入功率（kW）。

在直接地下水换热系统中，换热器为热泵机组的冷凝器；在间接地下水换热系统中，换热器为中间换热器。进入换热器的地下水温，应考虑管道、水泵的温升及地下水回灌的附加温升。

D.0.2 制热工况总供水量的确定。

$$m_{gw} = \frac{Q_h - N_h}{C_p(t_{gw1} - t_{gw2})} \quad （\text{D.0.2}）$$

式中 m_{gw}——地下水换热系统总供水量（kg/s）；
　　t_{gw1}——进入换热器的地下水温（°C）；
　　t_{gw2}——离开换热器的地下水温（°C）；
　　C_p——地下水定压比热容[kJ/（kg·°C）]；
　　Q_h——建筑物供暖热量（kW）；
　　N_h——热泵机组制热输入功率（kW）。

在直接地下水换热系统中，换热器为热泵机组的蒸发器；在间接地下水换热系统中，换热器为中间换热器。进入换热器的地下水温，应考虑管道温降、水泵的温升及地下水回灌的附加温降。

本规程用词说明

1 为便于在执行本规程条文时区别对待，对要求严格程度不同的用词说明如下：

　　1）表示很严格，非这样做不可的：

正面词采用"必须"，反面词采用"严禁"；

　　2）表示严格，在正常情况下均应这样做的：

正面词采用"应"，反面词采用"不应"或"不得"；

　　3）表示允许稍有选择，在条件许可时首先应这样做的：

正面词采用"宜"，反面词采用"不宜"；

　　4）表示有选择，在一定条件下可以这样做的，采用"可"。

2 本规程中指明应按其他有关规范、标准或规程执行时，写法为："应符合……的规定（或要求）"或"应按……执行"。

引用标准名录

1 《民用建筑供暖通风与空气调节设计规范》GB 50736
2 《地源热泵系统工程技术规范》GB 50366
3 《岩土工程勘察规范》GB 50021
4 《供水水文地质勘察规范》GB 50027
5 《供水管井技术规范》GB 50296
6 《冷热水用聚丁烯（PB）管道系统》GB/T 19473
7 《地源热泵系统用聚乙烯管材及管件》CJ/T 317
8 《给水用聚乙烯（PE）管材》GB/T 13663
9 《地表水环境质量标准》GB 3838
10 《室外给水设计规范》GB 50013
11 《给水排水管道工程施工及验收规范》GB 50268
12 《水源热泵机组》GB/T 19409
13 《商业或工业用及类似用途的热泵热水机》GB/T 21362
14 《蒸气压缩循环冷水（热泵）机组第 1 部分：工业或商业用及类似用途的冷水（热泵）机组》GB/T 18430
15 《自动化仪表工程施工及验收规范》GB 50093
16 《公共建筑节能设计标准》GB 50189
17 《四川省地源热泵系统工程技术实施细则》DB 51/5067

四川省工程建设地方标准

成都市地源热泵系统设计技术规程

Technical specification for design of ground-source heat pump system in chengdu

DBJ 51/012—2012

条 文 说 明

目　次

1 总则 …………………………………………………………… 59
2 术语 …………………………………………………………… 60
3 地源热泵工程专项勘察 ……………………………………… 61
　3.1 一般规定 ………………………………………………… 61
　3.2 地埋管换热系统工程勘察 ……………………………… 62
　3.3 地下水换热系统工程勘察 ……………………………… 63
　3.4 地表水换热系统工程勘察 ……………………………… 64
4 可行性评价 …………………………………………………… 65
　4.1 一般规定 ………………………………………………… 65
　4.2 地埋管换热系统可行性评价 …………………………… 65
　4.3 地下水换热系统可行性评价 …………………………… 65
　4.4 地表水换热系统可行性评价 …………………………… 66
5 地埋管换热系统 ……………………………………………… 67
　5.1 一般规定 ………………………………………………… 67
　5.2 地埋管换热系统设计负荷计算 ………………………… 69
　5.3 竖直地埋管换热器设计 ………………………………… 70
　5.4 水平地埋管换热器设计 ………………………………… 71
　5.6 地埋管管材与传热介质 ………………………………… 72
6 地下水换热系统 ……………………………………………… 74
　6.1 一般规定 ………………………………………………… 74
　6.2 取水与回灌 ……………………………………………… 74
　6.3 直接地下水换热系统 …………………………………… 75
　6.4 间接地下水换热系统 …………………………………… 76
7 地表水换热系统 ……………………………………………… 77
　7.1 一般规定 ………………………………………………… 77

7.2　开式地表水换热系统 …………………………………… 77
　　7.3　闭式地表水换热系统 …………………………………… 78
　　7.4　取水、排放水及取水构筑物 …………………………… 79
8　地热能输配系统 ………………………………………………… 83
　　8.1　一般规定 ………………………………………………… 83
　　8.2　输配系统 ………………………………………………… 83
　　8.3　水处理 …………………………………………………… 84
　　8.4　中间换热 ………………………………………………… 85
9　地源热泵机房设计 ……………………………………………… 87
　　9.1　一般规定 ………………………………………………… 87
　　9.2　水源热泵机组 …………………………………………… 93
　　9.3　地源热泵机房设计 ……………………………………… 94
　　9.4　水环式地源热泵系统 …………………………………… 95
10　监测与控制 …………………………………………………… 96
　　10.1　一般规定 ……………………………………………… 96
　　10.2　监测要求 ……………………………………………… 97
　　10.3　控制要求 ……………………………………………… 98

1 总　则

1.0.1 地源热泵系统可利用浅层地热能资源进行供热与空调，具有良好的节能与环境效益，近年来在国内得到了日益广泛的应用。为了规范地源热泵系统设计、施工及验收，确保地源热泵系统安全可靠地运行以及更好地发挥节能效益，特制定本规范。

2 术 语

2.0.14 制冷系统设计能效比 $EERr$ 应按式（2.0.14-1）计算。

$$EERr = \frac{Q_r}{\sum N_{Hp} + \sum N_p} \quad (2.0.14\text{-}1)$$

式中 Q_r——地源热泵系统设计总制冷量（kW）；

$\sum N_{Hp}$——对应进水设计温度时水源热泵机组输入功率之和（kW）；

$\sum N_p$——对应进水设计温度时与热泵机组相关的换热系统侧所有水泵输入功率之和（kW）。

换热系统侧所有水泵输入功率是指从地源侧至水源热泵机组间各级水泵的输入功率之和，水泵的输入功率 N_p 按式（2.0.14-2）确定：

$$N_p = \frac{G \cdot H \cdot \rho}{102\eta} \quad (2.0.14\text{-}2)$$

式中 N_p——水泵输入功率（kW）；

G——水泵流量（m³/s）；

H——水泵扬程（m）；

ρ——水泵输送流体的密度（kg/m³）；

η——水泵总效率（含水泵全效率及电机效率）。

3 地源热泵工程专项勘察

3.1 一般规定

3.1.1 强制性条文。本条同《地源热泵系统工程技术规范》GB 50366—2005 第 3.1.1 条。

工程场地状况及浅层地热能资源条件是能否应用地源热泵系统和制定合理地源热泵系统方案的基础。方案设计前，如果没有对工程场地状况进行调查和对工程场地浅层地热能资源进行专项勘察，就不可能作出该场地是否适合采用或采用何种方式地源热泵系统的判断。

地源热泵系统应用的正确评价，涉及节能和环境保护。如果盲目采用地源热泵系统或者所采用的地源热泵系统方案不合理，极有可能对岩土、地下水或地表水造成热污染和资源性破坏，同时难以实现空调供暖系统的节能或保证建筑物室内的热舒适要求。

浅层地热能资源勘察包括地埋管换热系统勘察、地下水换热系统勘察及地表水换热系统勘察。浅层地热能勘察应查明工程场地浅层地热能资源条件，为进行场地浅层地热能评价、地源热泵工程项目可行性研究及设计提供依据。

岩土体地质条件勘察可参照《岩土工程勘察规范》GB 50021 及《供水水文地质勘察规范》GB 50027 进行。水文地质勘察可参照《供水水文地质勘察规范》GB 50027、《供水管井技术规范》GB 50296 进行。

对于地下水地源热泵系统而言，通过勘察查明拟建抽水井及回灌井地段的水文地质条件，即一个地区地下水的分布、埋藏，地下水的补给、径流、排泄条件以及水质和水量等特征。对地下水资源作出可靠评价，提出地下水合理利用方案，并预测地下水的动态变化及其对环境的影响，为抽水井及回灌井设计提供依据。

3.1.2 水文地质勘察与工程地质勘察一样，都具有继承性，因此要搜集已有的资料。工作开始前，应明确勘察任务和要求，搜集分析已有资料，进行现场踏勘，编制勘察纲要和方案；工作结束后，应编写水文地质勘察报告或成果说明书。

3.1.3 在工程场区内或附近有水井的地区，可调查收集已有工程勘察及水井资料。调查区域半径宜大于拟定换热区100~200 m。调查以收集资料为主，除观察地形地貌外，应调查已有水井的位置、类型、结构、深度、地层剖面、出水量、水位、水温及水质情况，还应了解水井的用途、开采方式、年用水量及水位变化情况等。

3.1.5 工程场地可利用面积应满足修建地表水抽水构筑物（地表水换热系统）或修建地下水抽水井和回灌井（地下水换热系统）或埋设水平地埋管或竖直地埋管换热器（地埋管换热系统）的需要，同时应满足放置和操作施工机具及埋设室外管网的需要。

3.2 地埋管换热系统工程勘察

3.2.1 岩土体热物性指岩土体的热物性参数，包括岩土体导热系数、密度及比热等。若埋管区域已具有权威部门认可的热物性参数，可直接采用已有数据，否则应进行岩土体导热系数、密度及比热等热物性测定。

成都市的测定方法可采用现场测定法，即岩土热响应试验。

河流的冲刷、搬运和沉积作用造就了成都平原区的第四系松散岩类堆积体，成都地区地下含水层分布具有西厚东薄、北厚南薄的特点。

含水层的补给条件与排泄条件愈好、透水性愈强，则径流条件愈好。地下水赋存状况对地下温度场的变化有较大影响，应查明埋管区域内地下水赋存状况。

可能出现冻土的地区，还应勘察冻土层厚度。

3.2.2 槽探、坑探均为地质勘察工作的技术手段。在进行勘察时，探槽应根据场地形状确定。

3.2.3 钻探是地质勘察工作的一种技术手段。钻探方案应根据场地大小确定。

3.2.4 应用建筑面积是指在同一个工程中，应用地埋管换热系统的各个单体建筑面积的总和。考虑到成都地区的地质特征及地埋管换热系统的应用特点，结合国外已有的经验，为了保证大中型地埋管换热系统的安全运行和节能效果，作此规定。

3.3 地下水换热系统工程勘察

3.3.1 水文地质勘察一般要求包含完整的水文地质单元，水文地质单元的区域往往远大于工程建设场地。当缺乏地区性水文地质资料时，仅对工程建设场地的水文地质进行勘察，范围明显不足，而范围过大也不现实，因此，采取必要的地质测绘、物探等手段是可行的。

物探、钻探是水文地质勘察工作的重要手段。对于大范围勘察采用物探手段既快速又经济，特别是对于一些特殊地质条件区，如岩溶区，采用物探方法具有不可替代的作用。

由于物探成果具有多解性，因此一方面应选择有效的方法综合探测，另一方面需要与钻探成果相互验证，以获得明确的结论。钻探手段是各项勘察最为直接的手段,可以直观了解地质条件,但是大量的钻探工作对勘察经费的要求较高,因此与物探等勘察手段相结合,适当布置钻探工作十分重要。

水文地质试验、动态监测手段是获取水文地质参数和资源评价的重要环节,对于勘察成果的准确性起到了重要的作用。

可行性研究阶段,必选的勘察方法为测绘、钻探,可选方法为测试、动态监测;详细勘察阶段,必选方法为测绘、钻探、测试、动态监测,可选方法为物探(具体方法为视电阻率、激电测深)等方法。

3.3.2 地下水换热系统工程水文地质勘察的重点在于:一方面需要查明地下水的类型、分布、埋藏条件及动态变化等基本特征;另一方面最为重要的是需要获得含水层的水文地质参数以及评价地下水资源和浅层地热能资源,用以确定地下水换热系统工程的地下水取水工程布置。

3.4 地表水换热系统工程勘察

3.4.2 地表水水温、水量、水位应包括正常年变化规律及最高、最低值,近 20 年的最高、最低值;地表水的勘察应包括引起腐蚀与结垢的主要化学成分,地表水源中含有的水生物、细菌类、固体含量及盐碱量等。

4 可行性评价

4.1 一般规定

4.1.1 地源热泵系统工程可行性评价是地源热泵系统设计及实施的依据及基础。

4.1.2 可行性评价报告应重点进行系统方案设计与比选、经济性分析、节能性分析、环境影响预测,并提出项目应用地源热泵系统的适宜性建议。

4.2 地埋管换热系统可行性评价

4.2.1 地埋管换热系统设计方案包括换热孔串、并联连接方案的比较。

4.2.2 根据可用的埋管区域,竖直地埋管按照 3~6 m 间距布置换热井,水平地埋管按照 0.3~0.75 m 间距单层埋管,并结合岩土层的结构确定换热井深或水平地埋管长度,初步确定地埋管换热器的布置。为了保证效果,有条件的场合应尽可能加大埋管距离布置换热井。然后根据实测单位长度(每延米)在设计工况下的稳定换热量,估算地埋管换热系统的最大瞬时换热能力。

4.3 地下水换热系统可行性评价

4.3.2 成都地区夏季地下水温一般为 17~18 ℃,考虑管道、水泵温升(控制在 2 ℃ 以内)和地下水回灌附加温升 0.5~

1.5 °C，制冷设计工况供水温度宜取 20 °C；若为间接换热，则需要增加换热器的换热温差。

成都地区冬季地下水温一般为 16~17 °C，考虑管道温降及水泵附加温升（控制在 1 °C 以内）和地下水回灌附加温降 0.5~1.5 °C，制热设计工况供水温度宜取 14 °C，若为间接换热，则需要减掉换热器的换热温差。

4.4 地表水换热系统可行性评价

4.4.2 水体的最大取水量应综合考虑生态的承载能力、静止水或流动水的环境热容量允许的取水量。水体允许的排放水温度一般需通过环评确定。

5 地埋管换热系统

5.1 一般规定

5.1.2 建筑物全年冷、热负荷不平衡将导致地埋管周围土壤温度单调上升或下降，影响地埋管的换热性能及系统运行效率。因此，地埋管换热系统设计应进行全年动态负荷计算。

5.1.3 对大部分工程而言，采用单一的地埋管换热系统可能出现总释热量与总吸热量不平衡、系统经济性较差、因地质条件限制钻孔难度较大、场区内可供使用的埋管面积不能满足换热要求等问题，因此，建议优先采用复合式地源热泵系统。同时由于实际运行状态与设计工况可能出现较大的偏差，采用复合式地源热泵系统还可提高系统的适应性。

应根据工程的具体情况选择合理的复合式地源热泵系统形式。常用的系统形式有：采用地源热泵系统承担基本负荷，常规系统承担峰值负荷的复合式系统；以最大释热量和最大吸热量中的较小值作为地埋管换热系统的设计依据，与辅助冷却源或辅助热源组成复合式系统。

对于别墅等小型低密度建筑，使用时间短、负荷低，有利于岩土体温度的周期性恢复，可以最大释热量和最大吸热量中的较大值作为地埋管换热系统的设计依据，不考虑其他辅助冷、热源。

由于地埋管地源热泵系统利用的是低位热源，需要较大的换热面积以及较大的埋管占地面积，因此，地埋管换热系统设计时应结合建筑容积率及空调负荷密度等因素综合确定。

结合成都市既有工程的空调负荷特性，按以下计算条件：单位建筑面积的冷负荷指标为 100 W/m²；热泵机组的能效比 $EERr$ 为 5 kW/kW；采用双 U 形地埋管形式，井深 100 m；单位长度换热量 50 W/m；钻井按正方形布置，井间距为 4 m。当建筑容积率大于 2.0 时，最大可供埋管场区的有效应用面积（包括建筑基底下的埋管应用面积）不能满足设置地埋管换热器的需要，因此规定建筑容积率大于 2.0 的建设项目，不适合采用单一的地埋管地源热泵系统。

实际工程设计中，应综合考虑空调负荷特性、所采用的热泵机组的能效比、埋管方式及埋管工程应用面积等因素，进行合理的地埋管换热系统设计。

5.1.4 地埋管的换热性能主要受岩土体热物性、水文地质情况、建筑负荷特性、气候、井群布置等影响，是一个非常复杂的非稳态耦合传热过程。鉴于其特殊性和复杂性，宜采用专用软件进行动态计算。动态计算的目的是根据负荷特征结合热物性测试得到的岩土参数确定埋管长度。

现场测试得出的单位长度换热量（又称每延米换热量）一般均为单井测试数据，设计时只能作为参考，不能作为地埋管换热器设计的依据。

5.1.7 地埋管换热器分区设置的目的是在系统部分负荷运行时，可结合热泵机组的运行台数，通过环路切换，使部分换热环路间歇运行，从而加强地温的恢复，提高换热效率。

5.1.8 条文中对冬、夏运行期间地埋管换热器出口温度的规定，是出于对地源热泵系统节能性的考虑，同时保证热泵机组的安全运行。在夏季，如果地埋管换热器出口温度高于

31.5 ℃，地源热泵系统的运行工况与常规的冷却塔相当，无法充分体现地源热泵系统的节能性；在冬季，制定地埋管换热器进口温度限值，是为了防止温度过低，机组结冰，系统能效比降低。

5.1.9 地埋管远离水井及室外排水设施，是为了减少对水井及室外排水设施的影响，一般要与排水管道保持至少 0.70 m 的间距。靠近地源热泵机房设置是为了缩短供、回水集管的长度。

5.1.10 强制性条文。本条的设置是出于系统的安全性考虑。

当建筑物内系统的压力过高，而没有采取措施将其与地埋管换热系统分开时，地埋管换热系统的管路及部件的工作压力可能超过其承压能力，这将导致地埋管换热系统使用寿命缩短，甚至不能满足使用压力要求而破坏，使得地埋管换热器部分或全面报废。

5.1.11 考虑建筑筏板基础下埋管时结构安全和使用安全作此规定。

5.2 地埋管换热系统设计负荷计算

5.2.1 水源热泵机组释放到循环水中的热量包括各空调系统的冷负荷和热泵机组压缩机输入功率；附加得热量包括地埋管换热系统的循环水在输配过程中通过水泵、水管的温升所产生的得热量。即：

$$地埋管换热系统设计释热量 = \sum[各空调系统冷负荷 \times (1+1/EERr)] + \sum 附加得热量$$

69

5.2.2 水源热泵机组从循环水中的吸热量包括各空调系统的热负荷并扣除热泵机组压缩机输入功率;附加失热量包括地埋管换热系统的循环水在输配过程中通过水管的温降所产生的失热量并扣除水泵释放到循环水中的热量。即:

$$地埋管换热系统设计吸热量=\sum[各空调系统热负荷\times(1-1/COP)]+\sum 附加失热量$$

5.3 竖直地埋管换热器设计

5.3.1 竖直地埋管换热器常见的形式有单U形管、双U形管、螺旋管及套管式,见图5.3.1。

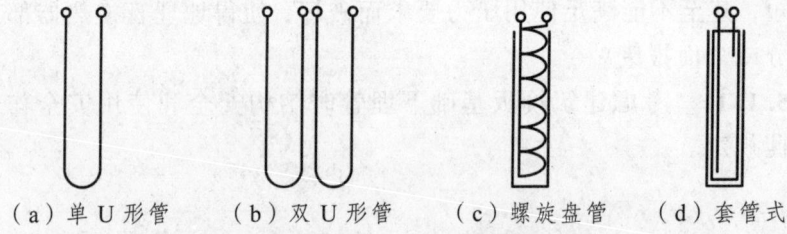

(a) 单U形管　　(b) 双U形管　　(c) 螺旋盘管　　(d) 套管式

图 5.3.1　几种常见的竖直地埋管换热器形式

在没有合适的室外用地时,竖直地埋管换热器还可以利用建筑物的混凝土桩基埋设,即将U形管、螺旋管捆扎在基桩的钢筋网架上,然后浇灌混凝土,使U形管、螺旋管固定在桩基内。

5.3.3 埋深应以不受外界气温日变化影响为宜。成都市恒温层顶面埋深约30m,宜根据换热效果和经济性等因素确定埋管深度。为减小打井的难度和费用,一般埋管深度不应大于130m。保持一定的相邻间距是为了避免换热器相互之间的热干扰。相邻钻孔中心间距与孔深、连续运行时间有关，孔越深、连续运行时间越长，间距应越大。

5.3.4 为保证地埋管的导热效果，回填材料应具有良好的导热性能。但对于地质情况多为岩石的区域，回填料导热系数可低于岩土体导热系数。常见回填料有膨润土和细砂（或水泥）的混合浆或其他专用灌浆材料。膨润土的比例宜占 4%~6%。如果埋管换热器设于非常密实或坚硬的岩土体或岩石中，宜采用水泥基料灌浆，以防止孔隙水因冻结膨胀，损坏膨润土灌浆材料而导致管道被挤压节流。地下水流丰富的地区，为保持地下水的流动性，增强对流换热效果，不宜采用水泥基料灌浆。

5.4 水平地埋管换热器设计

5.4.1 当埋管区域面积较大，浅层岩土体的温度及热物性受气候、雨水、埋设深度影响较小时，可采用水平地埋管换热器。

水平地埋管换热器分为 4 种形式：水平直管式、垂直排圈式、水平排圈式、水平螺旋式。设计时可根据不同的地域条件选择其中的一种形式。图 5.4.1 所示为几种水平地埋管换热器的形式。

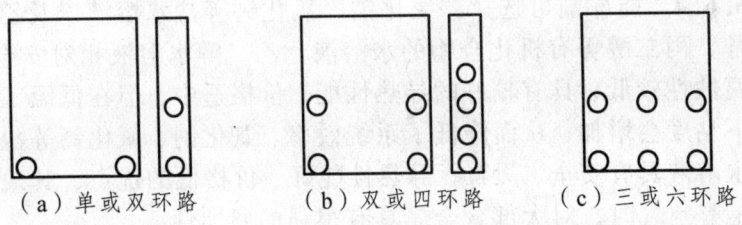

（a）单或双环路　　（b）双或四环路　　（c）三或六环路

图 5.4.1-1　几种常见的水平地埋管换热器形式

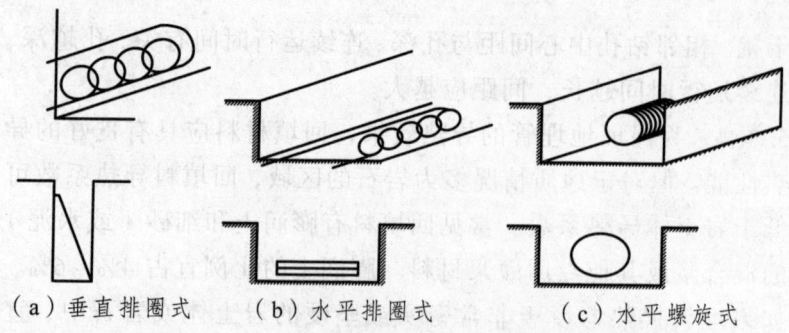

(a)垂直排圈式　　(b)水平排圈式　　(c)水平螺旋式

图 5.4.1-2　几种新型的水平地埋管换热器形式

5.6　地埋管管材与传热介质

5.6.2　地埋管管材可采用聚乙烯管（PE80 或 PE100）或聚丁烯管，不宜采用聚氯乙烯（PVC）管。聚乙烯管应符合《地源热泵系统用聚乙烯管材及管件》CJ/T 317 或《给水用聚乙烯（PE）管材》GB/T 13663 的要求；聚丁烯管应符合《冷热水用聚丁烯（PB）管道系统》GB/T 19473 的要求。

5.6.3　传热介质的安全性包括毒性、易燃性及腐蚀性；良好的传热特性和较低的摩擦阻力是指传热介质具有较大的导热系数和较低的粘度。可采用的其他传热介质包括氯化钠溶液、氯化钙溶液、乙二醇溶液、丙醇溶液、丙二醇溶液、甲醇溶液、乙醇溶液、醋酸钾溶液及碳酸钾溶液。

5.6.4　防冻剂可选择：氯化钠、氯化钙等盐水溶液以及乙二醇、丙二醇等有机化合物的水溶液。乙二醇水溶液相对安全、腐蚀性较低、具有较好的导热性能、价格适中，但在低温工况下粘度会增加，从而降低了系统效率。氯化钠、氯化钙等盐类水溶液具有安全、无毒、导热性能好、价格低的优点，其缺点是有空气时，对大部分金属具有很强的腐蚀性。

5.6.5 防冻剂的选择应该满足以下条件:密度小、粘度小,以减少流动阻力损失,从而增大流动介质流速和增强对流换热;比热大,输送一定热量时所需流量小,有利于增大换热器传热温差;导热系数大,有利于增大换热系数,减小换热面积;价格低廉、使用安全等。地埋管换热系统的设备、管材和部件的选择应与防冻剂相适应,不能造成腐蚀。

6 地下水换热系统

6.1 一般规定

6.1.1 强制性条文。本条同《地源热泵系统工程技术规范》GB 50366—2005 第 3.1.1 条。

本条设为强制性条文是为了从质和量两方面保护宝贵的地下水和地热能资源，强调抽取地下水只能用于换热，并必须做到与抽取的地下水同层回灌和等量回灌。

可靠的回灌措施是指将地下水通过回灌井全部送回原来取水层的措施，且回灌井要具有持续回灌能力。

同层回灌可避免污染含水层和维持同一含水层储量，保持地下水的水位不变，保护地热能资源。抽水井及回灌井只能用于置换地下冷量或热量，不得取水他用。

抽水、回灌过程中应采取密闭等措施，不得对地下水造成污染。采用的水处理工艺也不得对地下水造成污染。

6.1.2 地下水换热系统的设计释热量或吸热量与空调设计的总冷负荷或总热负荷相对应。应根据地下水温度、抽水井出水量等条件分别验算地下水体所能承担的设计释热量和吸热量。当不能满足总负荷要求时，应采用复合式地源热泵系统。

6.1.3 地下水换热系统的供水方式通常分为直接供水和间接供水。

6.2 取水与回灌

6.2.2 井位设计时，应综合总平面、绿化等其他有关专业，合理布井。

抽水井与化粪池等污染源或潜在污染源间的距离应大于抽水井水力梯度的影响半径。

根据成都平原现有地源热泵工程的经验，抽水井与抽水井之间距离不应小于 50 m；抽水井与回灌井之间距离应根据工程区最高水位进行合理设计，且不应小于 35 m；回灌井与回灌井之间的距离应根据勘察期间的回水水位壅高合理设计。

6.2.3 出于建筑物安全考虑作此规定。在设计抽水井与建筑物的距离前，应获得抽水群井最大降深值，并须开展地面沉降论证。建筑物不得位于取水形成的降落漏斗水位差大于 0.5 m 的范围内，且取水形成的最低降深面不得低于建筑物持力层的最高标高。

取水形成的最低降深面应高于筏板基础底板 1.0 m 以上；取水形成的最低降深面应高于桩基础最上一层持力层的标高。

根据成都平原的经验，采用筏板基础的建筑，抽水井与建筑物地下室外框线的最小距离应大于 10 m；土地特别有限的工程，经现场试验和观测，结合建筑物沉降论证，距离可适当减小。采用桩基础的建筑，抽水井与建筑物地下室外框线的最小距离不得小于 20 m。

6.2.10 本条文的规定是为了避免地下水体受到污染。

6.3 直接地下水换热系统

6.3.1 地下水直接进入水源热泵机组有利于充分利用地下水的低位热能，提高机组效率。直接进入水源热泵机组的地下水水质应满足热泵机组对水质的要求。当水质达不到要求时，应进行水处理。

6.4 间接地下水换热系统

6.4.1 水质较差的地下水直接进入水源热泵机组可能导致换热性能降低或造成机组的腐蚀。经水处理后仍不能满足机组的使用要求或水处理成本过大时，宜设置中间换热器间接供水。

冬季水温过低需添加防冻剂时，应设置中间换热器。一般情况下，中间换热器可采用板式换热器。

6.4.2 分散小型单元式水源热泵机组数量多、维护难度大，宜采用间接式供水。

7 地表水换热系统

7.1 一般规定

7.1.1 通过技术经济分析确定地表水换热系统的形式,使地表水换热系统实现高效节能运行,同时不影响地表水体的其他使用功能。

7.1.2 地表水换热系统的设计释热量或吸热量与空调设计的总冷负荷或总热负荷相对应。应根据地表水温度、水容量等条件分别验算地表水体所能承担的设计吸热量与释热量,当不能满足系统需求时,应采用复合式系统。

7.1.3 地表水热能利用后排入水体,会使水体温度上升或下降,从而破坏水中微生物的生长环境,致使水中微生物死亡或过度生长,水质恶化,水体污染。为了防止水体热污染,应对热能利用后的地表水作热污染影响评价,应满足《地表水环境质量标准》GB 3838 的要求。

7.2 开式地表水换热系统

7.2.1 源水直接进入水源热泵机组有利于充分利用地表水的低位热能,提高制冷制热效率。近年来,一些生产厂商通过技术创新,在保证高效换热的前提下降低了热泵机组对水质的要求,同时在线清洗技术的广泛使用为地表水的直接进入机组创造了条件。

7.2.2 当源水杂质较多时,直接进入热泵机组将降低机组的换热性能,而采用复杂的水处理工艺虽能满足机组对水质的要求，但投资较高、经济性较差；当源水含盐度及其他矿化物浓度较高时，直接进入热泵机组将造成机组的腐蚀，采用水处理则可能造成投资高或水体的二次污染。因此，规定上述情况下宜设置中间换热器。中间换热器宜采用壳管式换热器，以利减轻污垢沉积、管路堵塞，并便于设置换热表面的在线清洗系统，减少维护工作量。

7.2.3 取水口位置的选择应综合考虑地表水体的水温分层、水质分布、最低水位等因素，同时应避免与排水口的热短路。

7.2.4 取水构筑物尽量靠近水源热泵机房，有利于减少源水输送能耗，提高水源热泵系统的系统能效比。

7.2.5 由于地表水的动力粘度、密度均大于清水，增加了流动阻力，因此在水力计算时应根据水质条件对比摩阻加以修正。

7.3 闭式地表水换热系统

7.3.1 采用闭式地表水换热系统应充分考虑水体的水质、水深、水温条件和地表水输送能耗等因素。水温适合是指：采用闭式换热系统的地源热泵系统与常规的水冷冷水机组+锅炉的冷热源形式比较，仍具有节能性。

水深小于 3 m 的湖、库等静止水体受太阳辐射、蒸发、传热的影响较大，水温接近大气干球温度，此时采用闭式换热系统的地源热泵系统难以达到节能的目的。

7.3.2 合理的换热盘管形式是高效运行的保障。换热盘管的管间距设计应足以使水体内的杂质顺利通过，避免杂质对换热表面的附着而造成换热能力下降。

7.3.3 闭式地表水换热系统设计前应进行换热特性计算或试

验,当基础数据齐全时可通过模拟计算确定;否则应通过释热、吸热试验取得相关数据,测试的持续时间宜大于 48 h,并应考虑长期运行后换热表面污垢沉积对换热的影响。释热试验宜在夏季晴天进行;吸热试验宜在冬季阴、雨、雪天进行。

7.3.4 强制性条文。本条的设置是出于系统的安全性考虑。

当闭式地表水换热系统的管路及部件的工作压力超过其承压能力时,将导致换热系统使用寿命缩短甚至不能满足使用压力要求而破坏。

7.3.5 换热器底部与水体底部保持一定的距离是为了保证换热效果,防止泥砂淤塞和损坏。最低水位指近 20 年每年最低水位的平均值,每组换热盘管间距的确定应考虑相互之间的影响。

7.3.8 根据成都地区的气候特点,常规空调中,合理配置的冷却塔出水温度一般低于 31.5 ℃,为实现地源热泵系统的节能运行,规定了换热盘管的出水温度上限要求。换热盘管冬季过低的出水温度会带来水源热泵机组的能效下降,严重时可能造成机组保护性停机,故规定了出水温度下限的要求。闭式换热器的设计温度应结合水源热泵机组的能效及温度限值确定。

7.3.9 换热盘管内传热介质保持紊流状态以提高其换热能力。当水为传热介质时,管内流速宜大于 0.6 m/s。

7.4 取水、排放水及取水构筑物

7.4.1 取水构筑物的位置确定应兼顾取水水质、输送能耗、航运、排洪以及对其他用途取水的影响等因素。取水水源的选择应获得水利、航运、海事、水政等行业管理部门的批准。

7.4.2 一般来说，湖、水库水源表层会受到风向的影响而在下风向形成漂浮物的堆积，所以取水位置应避免设在常年主导风向的下风侧，以避免漂浮物的影响。由于汇入口水流速度较大，有利于设置取水口。据有关监测和实际工程经验，有关湖、水库的水温、水质存在一定的分层现象，为了提取具有合适水温的源水，取水口不应设置于表面，宜设置于水面以下3.0 m，并采取多点分散吸水、减小吸水口速度等措施，防止卷吸进上层水和空气。考虑到淤泥会引起取水口堵塞，取水头部应距湖、水库底1.0 m以上。湖、水库水源应考虑抑藻、防藻措施，可选用防藻型取水头部。

7.4.3 对取水系统的设计流量进行规定。由于水处理设施的自用水量会影响到总取水量，所以规定设计中宜选择反冲洗水量和水损失量较小的水处理工艺和设备，以降低取水量，节约投资和能耗。

7.4.4 强制性条文。城镇供水及其他主要用途的取水是关乎民生的大事，因此必须将地表水水源热泵系统的取水量严格限制在适当的范围内。考虑到目前河流、湖、库的生态环境日益受到关注，地表水水源热泵取水还宜考虑对地表水体生态环境需水量的影响。

7.4.5 本条对取水构筑物水位的设计标准进行规定。对供热、空调要求较低的工程，当采用较低设计枯水位保证率时，应在系统设计中增加对水泵等设备的保护措施。

7.4.6 考虑到取水头部施工难度较大，设置在江河中时容易受到涨水的影响，因此规定固定式取水头部宜按远期设计一次建成，同时规定了从系统安全考虑的取水头部数量及其间距要求。此外，进水间应分成数个以利清洗。

当采用 2 个以上的取水头部在江河水中取水且漂浮物较多时，相邻头部在沿水流方向宜有较大间距，以便利用江河水流速进行排砂。吸水管不宜少于两条，且流速不宜大于 0.5 m/s。

7.4.7 当条件合适时，选择具有较高除砂能力的取水头部可以降低后续水处理单元的压力。目前可以选用的防堵取水头部包括一般斜板取水头部及其他改进的斜板取水头部。

7.4.8 本条规定了取水构筑物及取水头部进水孔的设计要求。当采用其他新型除砂取水头部（如侧向流翼片斜板取水头部）时，进水流速不宜过大。自流管或虹吸管的连接应考虑防腐问题。

7.4.9 主要考虑到江水源换热系统和湖水源换热系统受纳水体的不同特点，对江水源换热系统和湖水源换热系统的尾水排放口应采用不同的布置方式。

研究表明，适宜的排放方式可实现对排放口附近水域温升影响最小。地表水换热系统的排放水向江、河等流动水体排放时，宜采用明渠顺水流方向排放，明渠与顺水流方向呈 30°~60°夹角。向静止水体排放水时，宜采用穿孔管射流表面排放方式，若采用重力出流，宜沿水平方向穿孔；若采用压力出流，并能提供足够的压力，可以设置适当角度倾斜向上排放，该角度宜取 30°~60°。当工程规模较大时，宜设置多个排放口，排放口间距不应小于 10 m，以消除多口排放的温度累加效应。

7.4.10 水源热泵机组排放水的水质一般优于地表水原水，且往往有可以利用的势能，宜考虑综合利用。当综合利用时，应满足相应用途的水质标准要求，且应进行水量平衡计算，使全部或部分用作绿化、道路浇洒用水。地表水地源热泵排放水的一水多用可与雨水综合利用及废水回用设施相结合。

7.4.11 当对地表水换热系统排放水不进行综合利用时，可利用雨水管道进行排放，以简化排水方式、降低排水工程量。但应对暴雨时期雨水的排放是否通畅进行校核。校核的主要内容包括排放水流量与最大设计暴雨量叠加时对雨水管道的影响等。

7.4.12 消能措施可参考城市排水工程中的有关方法，如消能井、阶梯式排水渠道等。

8 地热能输配系统

8.1 一般规定

8.1.1 地热能输配系统根据建筑负荷变化进行流量调节，可以降低输送能耗。对地下水及地表水换热系统来说，使用的水量越少，对环境的影响也越小。

8.1.3 强制性条文。本条根据《公共建筑节能设计标准》GB 50189—2005 第 5.4.2 条的要求设置。

合理利用能源、提高能源利用率、节约能源是我国的基本国策。用高品位的电能直接转换成低品位的热能，热效率低，运行费用高，是极不合理的。近年来，电力供应越来越紧张，国家有关强制性标准中早有"不得采用直接电加热的空调设备或系统"的规定。为了降低对民众日常用电和国民经济发展的影响，对直接电加热的方式必须严格限制。因此，在选择辅助加热设备时，严禁采用直接电加热方式。

8.2 输配系统

8.2.1 换热环路数相等和同程式系统有利于系统水力平衡。供、回水环路集管的间距不小于 0.6 m，是为了减少供回水管间的传热。

8.2.3 直埋的保温管道宜采用预制保温直埋管道。对地面下 10 m 内的 U 形换热器出水管的保温可减少 U 形换热器进水管对出水管的热干扰。

8.2.4 排气、定压、膨胀、自动补水装置是闭式换热系统应该考虑的措施。为及时发现换热器的渗漏，换热系统宜设置泄漏报警装置。

8.3 水处理

8.3.1 采取有效的水处理措施主要是为了保障换热器高效换热。

8.3.2 水处理工艺选择应综合考虑源水水质、水力损失、能耗、环境影响、工作压力等因素。水处理工艺宜尽量采用成品化设备。

一般水处理工艺包括：除砂、过滤、灭藻等。对于地下水换热系统，主要考虑的水处理工艺为除砂、过滤。对于江河水换热系统，当条件合适时，宜优先利用天然或人工湖作为水处理设施，并应对水温变化和湖的处理效能进行评估。

江河水在夏季含砂量和浊度较大，是影响地表水换热系统能效的重要因素，因此江河水源水处理工艺的选择应优先考虑除砂问题。水处理方式应根据源水含砂量及其粒径组成、砂峰持续时间、排泥要求、处理水量和水质要求、取水方式等因素，结合地形条件确定。可选用斜板沉淀池、斜管沉淀池、改进型旋流除砂器和加强型机械过滤器等设施。当江河水源冬、夏季含砂量变化显著时，水处理应考虑冬、夏季运行模式的切换，以节约运行成本、提高能效。

湖、库水的含砂量一般较低且粒径较小，不宜采用大直径的旋流除砂器，可使用机械过滤器和全程水处理等进行处理。对于藻类季节性频发的湖、库水源，应考虑抑藻、除藻措施。

8.3.3 强制性条文。水资源是人类赖以生存的基本要素。本条的设置强调为了保护水环境，抽取的地表水、地下水只能用于换热，不得受到任何污染。由于地热能交换系统连续抽水量大，采取加药等化学水处理方式可能对水体造成污染，应禁止使用。

8.3.4 地表水中悬浮物种类较多，大小不一，换热系统连续取水量大，在过滤器选择时应考虑排污对系统的影响，并应对水体的杂质粒径进行分析。

8.3.5 开式地表水换热系统中，常规的水处理与运行管理很难保证换热器长时间的高效运行。工程实践表明，各类免拆卸在线或非在线清洗系统的应用，能有效改善换热器的换热性能，减少换热器拆洗频率。用于壳管式换热器的胶球和毛刷清洗系统能在不间断换热器运行的情况下，对换热表面进行清洁。

当水源热泵机组采用水侧切换，且蒸发器和冷凝器采用同一套胶球清洗系统时，其蒸发器和冷凝器内的换热管束内径应一致。

8.3.6 水处理工艺或设备存在定期检修和清洗的问题，在数量选择上应结合换热系统的设置综合考虑，不致在水处理工艺或设备检修、清洗时，地源热泵系统全部停止运行。

8.4 中间换热

8.4.1 中间换热器的传热面积应根据所需传热量、传热系数、流体对数平均温度差计算，并考虑水垢的影响。实际换热面积应取计算面积的 1.15~1.25 倍。服务于同一区域的换热器宜采用同一规格。

8.4.2 应根据水质情况（主要包括 Cl^-、SO_4^{2-}、HS^-、NH_4^+、NH_3、矿化度等指标）、水温情况（不同水温下金属发生腐蚀的情况不一样）有针对性地选择换热器的材质。对于腐蚀性及硬度高的水源，应设置抗腐蚀的不锈钢换热器或钛板换热器。换热器常用材质抗腐蚀性从强至弱依次为：钛、不锈钢316、不锈钢304，价格从高至低与之对应。

8.4.3 从提高水源热泵机组运行效率的角度，在确定换热器两侧流体的进、出口设计温度时，应尽量减小中间换热器的换热温差，同时兼顾对初投资的影响。

为减小水输送能耗，中间换热器两侧的循环水进、出口温差均不应小于 5 ℃，换热器的水阻不宜大于 50 kPa。换热器中流体应呈紊流状态以提高换热能力，在提高流速的同时应考虑加强传热和减少换热器局部阻力的技术经济比较。壳管式换热器换热管内水流速不宜小于 1.5 m/s。

9 地源热泵机房设计

9.1 一般规定

9.1.2 一般情况下，为节约电能，宜考虑采用大型水-水热泵机组。当采用直接地下水换热系统或开式地表水换热系统时，为便于冷凝器/蒸发器的清洗，不宜采用分散的小型水源热泵机组。当采用闭式地热能换热系统，冬季供暖期长且内区有较大余热量时，可考虑采用分散的小型水源热泵机组。

9.1.3 采用满液式水源热泵机组，尤其是应用降膜技术的满液式机组有利于提高机组的能效，便于换热管束的清洗和免拆卸清洗系统的设置。

水源热泵机组的制热、制冷工况采用水侧切换，机房管路系统复杂，并可能造成水资源浪费和对空调水系统的污染。制冷剂侧切换的热泵机组能有效解决上述问题，推荐采用。

9.1.4 由表面污垢产生的热阻在换热器总热阻中占很大的权重，对选型计算结果影响明显，过低的污垢系数取值严重影响计算结果和设备容量的选择。

我国《蒸气压缩循环冷水（热泵）机组第 1 部分：工业或商业用及类似用途的冷水（热泵）机组》GB/T 18430 规定，《商业或工业用及类似用途的热泵热水机》GB/T 21362 冷水（热泵）机组的蒸发器水侧污垢系数为 0.018 $m^2 \cdot °C/kW$，冷凝器的水侧污垢系数为 0.044 $m^2 \cdot °C/kW$。因此，绝大部分水源热泵机组产品资料中的制冷量和制热量是对应上述污垢系数进行标定的。此数值应用于地表水和地下水换热系统中明显偏低。

迄今为止，我国对湖水、江水、河水等地表水在换热表面产生污垢的污垢热阻值缺乏系统研究，根据工程应用的相关经验，地表水换热系统宜采用 0.129 m²·°C/kW，地下水换热系统宜采用 0.086 m²·°C/kW，或根据水质情况选取适宜的污垢系数。

9.1.5 大型水源热泵机组的制冷、制热工况转换基本是在机组外进行水管路的切换，制冷工况时源水进入冷凝器，空调冷水进入蒸发器；制热时源水进入蒸发器，空调热水进入冷凝器。地源热泵系统应在水系统上设置必要的阀门进行管路的转换，并在转换阀门上做出明显标识。

9.1.6 当采用地源热泵系统提供生活热水较其他方式经济性更好时，宜采用地源热泵系统提供生活热水。

从能耗上看，热泵热水机组与燃气锅炉比，按天然气电厂的发电效率 55%，电网输配效率 90%，燃气锅炉供热效率取 90%，地源热泵系统的综合制热性能系数应不低于 1.8 才是合理的。以热泵热水机组与燃煤锅炉比，按燃煤发电效率 35%，电网输配效率 90%，大型燃煤锅炉供热效率取 80%，地源热泵系统的综合制热性能系数应不低于 2.5 才是合理的。

设计中应采取措施提高地源热泵系统的综合制热性能系数：

综合制热性能系数=制热量/（压缩机能耗+源水侧输送能耗）

9.1.10 在实际工程中由于建筑物的性质和场地等因素的限制，如果没有对地源热泵系统应用的适宜性进行科学评价和优化设计，反而使其比常规空调系统能耗更高。由于成都地区普通民用建筑的冷负荷和全年累积冷量均高于热负荷和全年累积热量，因此对地源热泵系统的制冷能效比作出规定。

9.1.11 现行国家标准《水源热泵机组》GB/T 19409—2003

规定了在名义制冷工况和名义制热工况下,冷热风型和冷热水型水源热泵机组的制冷能效比(EER)和制热性能系数(COP),见表 9.1.11-1 ~ 表 9.1.11-4。

表 9.1.11-1 冷热风型机组能效比(EER)、性能系数(COP)

名义制冷量 Q/W	EER			COP		
	水环式	地下水式	地下环路式	水环式	地下水式	地下环路式
$Q \leqslant 14000$	3.2	4.0	3.9	3.5	3.1	2.65
$14000 < Q \leqslant 28000$	3.25	4.05	3.95	3.55	3.15	2.7
$28000 < Q \leqslant 50000$	3.3	4.10	4.0	3.6	3.2	2.75
$50000 < Q \leqslant 80000$	3.35	4.15	4.05	3.65	3.25	2.8
$80000 < Q \leqslant 100000$	3.4	4.20	4.1	3.7	3.3	2.85
$Q > 100000$	3.45	4.25	4.15	3.75	3.35	2.9

表 9.1.11-2 冷热水型机组能效比(EER)、性能系数(COP)

名义制冷量 Q/W	EER			COP		
	水环式	地下水式	地下环路式	水环式	地下水式	地下环路式
$Q \leqslant 14000$	3.4	4.25	4.1	3.7	3.25	2.8
$14000 < Q \leqslant 28000$	3.45	4.3	4.15	3.75	3.3	2.85
$28000 < Q \leqslant 50000$	3.5	4.35	4.2	3.8	3.35	2.9
$50000 < Q \leqslant 80000$	3.55	4.4	4.25	3.85	3.4	2.95
$80000 < Q \leqslant 100000$	3.6	4.45	4.3	3.9	3.45	3.0
$100000 < Q \leqslant 150000$	3.65	4.5	4.35	3.95	3.5	3.05
$150000 < Q \leqslant 230000$	3.75	4.55	4.4	4.0	3.55	3.1
$Q > 230000$	3.85	4.6	4.45	4.05	3.6	3.15

表 9.1.11-3 冷热风型机组的试验（名义）工况

试验条件		使用侧入口空气状态		热源侧状态			
		干球温度（°C）	湿球温度（°C）	环境干球温度（°C）	进水/出水温度（°C）		
					水环式	地下水式	地下环路式
制冷运行	名义制冷	27	19	27	30/35	18/29	25/30
	最大运行	32	23	32	40/—a	25/—a	40/—a
	最小运行	21	15	21	20/—a	10/—a	10/—a
	凝露	27	24	27	20/—a	10/—a	10/—a
	凝结水排除						
	变工况运行	21~32	15~24	27	20~40/—a	10~25/—a	10~40/—a
制热运行	名义制热	20	15	20	20/—a	15/—a	0/—a
	最大运行	27	—	27	30/—a	25/—a	25/—a
	最小运行	15	—	15	15/—a	10/—a	-5/—a
	变工况运行	15~27	—	27	15~30/—a	10~25/—a	-5~25/—a
风量静压		20	16	—	—	—	—

注：机组在标称的静压下进行试验。
a 采用名义制冷工况确定的水流量。

表 9.1.11-4 冷热水型机组的试验（名义）工况

试验条件		环境空气状态		使用侧进水/出水温度（℃）	热源侧进水/出水温度（℃）		
		干球温度（℃）	湿球温度（℃）		水环式	地下水式	地下环路式
制冷运行	名义制冷	15~30	—	12/7	30/35	18/29	25/30
	最大运行	15~30	—	30/—a	40/—a	25/—a	40/—a
	最小运行			12/—a	20/—a	10/—a	10/—a
	凝露	27	24	12/—a	20/—a	10/—a	10/—a
	变工况运行			12~30/—a	20~40/—a	10~25/—a	10~40/—a
制热运行	名义制热	15~30		40/—a	20/—a	15/—a	0/—a
	最大运行	15~30		50/—a	30/—a	25/—a	25/—a
	最小运行			15/—a	15/—a	10/—a	-5/—a
	变工况运行			15~30/—a	15~30/—a	10~25/—a	-5~25/—a

注：a 采用名义制冷工况确定的水流量。

设计中选用的水源热泵机组的名义制冷和制热工况下EER 和 COP 应不低于表 9.1.11-1 和表 9.1.11-2 的规定。

现行国家标准《水源热泵机组》GB/T 19409—2003 对冷热风型和冷热水型机组的噪声限值如表 9.1.11-5 和表 9.1.11-6。

表 9.1.11-5　冷热风型机组的噪声限制

名义制冷量 Q/W	噪声限值[dB（A）]				
	整体式		分体式		
	带风管型	不带风管型	使用侧		热源侧
			带风管型	不带风管型	
$Q \leqslant 4500$	55	53	48	46	48
$4500 < Q \leqslant 7100$	58	56	53	51	53
$7000 < Q \leqslant 14000$	64	62	60	58	58
$14000 < Q \leqslant 28000$	68	66	66	64	63
$28000 < Q \leqslant 50000$	70	68	68	66	67
$50000 < Q \leqslant 80000$	74	72	71	69	72
$80000 < Q \leqslant 100000$	77	75	73	71	74
$100000 < Q \leqslant 150000$	79	—	76	—	77
$Q > 150000$	—	—	—	—	—

表 9.1.11-6　冷热水型机组噪声限制

名义制冷量 Q/W	噪声限值[dB（A）]
$Q \leqslant 4500$	48
$4500 < Q \leqslant 7100$	53
$7000 < Q \leqslant 14000$	58
$14000 < Q \leqslant 28000$	63
$28000 < Q \leqslant 50000$	67
$50000 < Q \leqslant 80000$	72
$80000 < Q \leqslant 100000$	74
$100000 < Q \leqslant 150000$	77
$Q > 150000$	—

9.2 水源热泵机组

9.2.1 当换热系统的供水温度波动超过水源热泵机组正常的工作温度范围，且技术经济比较合理时，可设置辅助热源或辅助排热装置，使进入机组的供水温度在水源热泵机组正常的工作温度范围内。

在制热工况下，当换热系统的供水温度较低时，为满足机组的正常工作而在供水管路上设置辅助加热装置且加热温升较大，造成系统能耗大、经济性差，这种做法应严格禁止。为适应较低的进水温度，应采用专门定制的水源热泵机组，以提高系统能效。

9.2.2 防冻剂水溶液的密度、比热容、粘度以及导热系数与水有较大不同，应根据选用的防冻剂水溶液的热物性参数计算循环管路的阻力，水源热泵机组的制冷/热量和蒸发器/冷凝器阻力也应联系供应商进行修正。

9.2.3 强制性条文。本条援引《采暖通风与空气调节设计规范》GB 50019—2003 第 7.1.7 条的相关内容。

制冷剂对环境的破坏主要体现在破坏大气臭氧层和增强温室效应两个方面。

鉴于 CFC 和 HCFC 对大气臭氧层的破坏，我国已于 2010 年 1 月 1 日完全停止 CFC 的生产和消费；HCFC 类物质（含 HCFC22、HCFC123）在我国的禁用年限为 2040 年；HFC 类物质（含 HFC134a）虽然不破坏大气臭氧层，但属于温室气体，属于《京都议定书》中要限制使用的物质，其使用前景并不明朗。

由于电动压缩式热泵机组的使用年限一般在 20 年以上，要求工程设计人员关注国家的相关政策，遵循国家对制冷剂禁用的相关规定，避免投资浪费、保护环境。首先，禁止在设计时采用已被禁用的制冷剂；其次，应避免采用在热泵机组使用寿命期内将被禁用的制冷剂。

9.2.4 为降低源水泵的电力消耗，规定水源热泵机组应有压缩机的启停与输配系统循环水的通断联锁措施。

采用大型水源热泵机组的项目，宜采取措施实现输配系统循环水泵、空调冷热水泵与热泵机组的一对一运行。分散的小型水源热泵机组的输配系统支管上可安装电动阀，实现与机组的联锁，集中设置的循环水泵宜采用变频控制。

9.2.6 当项目采用地源热泵系统供冷时，在技术经济合理、不影响机组制冷能效的前提下，生活热水宜优先由带热回收的水源热泵机组提供热源，不足部分由辅助热源提供。

9.2.7 热水温度越高，冷水机组的制冷性能系数越低（全热回收机组的热水出水温度每上升 1 ℃，制冷性能系数下降 3% 左右），甚至会使机组运行不稳定。离心式机组热回收热水温度不宜超过 45 ℃，螺杆式机组不宜超过 55 ℃。

9.3 地源热泵机房设计

9.3.1 输配系统中的多台循环泵与水源热泵机组之间采用共用集管连接时，每台水源热泵机组的进口或出口管道上安装电动阀是实现一机对一泵运行所采取的措施。一机对一泵运行是为实现热泵机组及循环泵的台数控制而采取的措施。

9.3.2 当供水温度低于 18 ℃ 时，宜优先考虑直接利用换热系统的循环水对空气进行预冷，可降低空气处理的能耗。用于温湿度独立控制空调系统可满足空气湿热处理的需要。

9.3.3 为了充分利用换热系统供水的冷量并保护热泵机组，应采取旁通或换热系统循环水先进入空调箱对空气进行预冷后再进入水源热泵机组等措施。

9.3.4 住宅类建筑，以及出租用的办公建筑，由于使用时间差异较大，宜采用分散式空调系统，一般可采用水源多联机空调系统或水环式水源热泵系统。

9.3.6 强制性条文。本条的设置是出于系统的安全性考虑。当水源热泵机组、循环水泵等设备、管路及部件的工作压力超过其承压能力时，将导致其使用寿命缩短甚至不能满足使用压力要求而破坏。

9.4 水环式地源热泵系统

9.4.2 采用分散式小型水源热泵机组的换热系统设计时，首先应通过系统布置和管径选择来减少各环路之间压力损失的相对差额。但有些工程较难通过管径选择计算取得管路平衡，当不平衡率超过15%时，可通过设置平衡装置达到管路的水力平衡。平衡装置应根据工程设计标准、系统特性正确选用，并在适当的位置正确设置。

9.4.3 由于机组技术性能的差异，普通设计的水-空气水源热泵机组用于直接处理新风时，可能出现机组不能正常工作的现象。新风处理应采用专门的新风处理机组，或将新风和一定量的回风混合后进入水-空气水源热泵机组进行冷、热处理。

9.4.4 噪声要求高的房间，如会议室、阅览室、客房、住宅等，当采用水-空气水源热泵机组时，宜采用分体型机组。

9.4.5 设于空调机房内是为了有效减少室内环境噪声，方便维护，因此，要求新建工程应将机组设于专用的空调机房内。

10 监测与控制

10.1 一般规定

10.1.1 设置监测与控制系统,是为了地源热泵系统适应建筑物内负荷变化,实现节能运行。加强对地源热泵系统相关参数的监测,在系统参数出现异常的情况下可进行有效控制,同时可提高地源热泵系统安全运行的能力,降低环境破坏的风险。

10.1.2 对热源系统在运行过程中的各种变化情况进行监测,为运行管理及系统优化改善提供监控依据;当有关部门有相关规定时,还应设置或预留与能耗在线监测系统的接口。

在地源热泵系统中,应对各主要用能设备设置功率监测设备或电能表,便于对系统运行进行节能诊断。

10.1.4 本条规定了中央级监测管理系统应具有的基本操作功能,包括监视功能、显示功能、操作功能、控制功能、数据管理辅助功能、安全保障管理功能等。它是由监控系统的软件实现的,软件应根据系统的工艺要求编制。

实际工程中,由于没有按照条文中的要求去做,致使所安装的集中监控系统管理不善的例子屡见不鲜。例如,不设立安全机制,任何人都可以修改程序,就会造成系统运行故障;不定期统计系统的能量消耗并加以改进,就达不到节能运行的目的;不记录系统运行参数并保存,就缺少改进系统运行性能的依据等。

随着智能建筑的发展,以管理地源热泵空调系统为主的集中监控系统,只是楼宇 BA 系统的子系统,为实现楼宇 BA 系统的数据共享,就要求各子系统间有统一的通信平台,因而,必须预留与统一通信平台相连接的接口。

10.2 监测要求

10.2.1 本条针对地源热泵系统应设置的监测点作出规定,设计时应根据系统设置加以确定。

建筑内系统各监测点的设置应根据系统设置情况加以确定,并满足其他相关规范的要求。

对地热能换热系统的温度和压力进行监测,可以了解地热能换热器的换热效率,监视地热能换热器的工作状况,通过计算可以间接了解换热器内部是否结垢,可以及时发现换热器内部的堵塞,为换热器的运行管理、维修及辅助设备的启停提供依据。

室外温度、湿度的监测可以为系统的运行提供评价依据,也为辅助散热设备的启停控制提供依据。温、湿度监测设备应安装在空气流通,能反映被测区域空气状态的位置。

10.2.2 本条规定出于系统安全运行考虑。进水温度过高和过低均会影响水源热泵机组的正常运行,出水温度降低到 4 ℃左右时,因换热温差的存在,蒸发器有结冰的危险。排水温度超过 35 ℃或低于 2 ℃对岩土、水体内的生物生长会产生不利影响;添加防冻剂的闭式换热系统的泄漏也会对生态环境产生破坏。

10.2.3 可在地埋管换热器运行过程中监测其运行状态。测点的布置宜在换热器埋设深度范围内，且间隔不宜大于10m。

10.2.4 对地热能交换系统循环水流量的监测除随时间变化的瞬态流量外，还宜监测循环水的累积流量，可以了解地热能换热器的实际换热量，为平衡水体、岩土热负荷、地热能换热器及辅助散热/加热系统的运行管理提供依据。

10.2.5 监测井宜布置在埋管场地（布置超过两个测点须等面积分区）对角线的交叉点上，位于相邻换热井的几何中心，井深与换热井相当，测点的布置宜在地埋管换热器埋设深度范围内，且间隔不宜大于10m。如果场地允许，宜在布井范围以外增设监测井。

10.3 控制要求

10.3.1 目前，许多地源热泵系统工程采用的是总回水温度来控制运行台数，但由于水源热泵机组的最高效率点为某一部分负荷区域，因此，采用冷（热）量控制运行台数的方式比采用温度控制的方式更有利于水源热泵机组在高效率区域运行，也是目前最合理和节能的控制方式。但是，由于计量冷（热）量的元、器件和设备价格较高，因此规定在有条件时（如采用了DDC控制系统）应优先采用此方式。台数控制的基本要求是：

  1 让设备尽可能处于高效运行状态；

  2 让相同型号设备的运行时间尽量接近，以保持同样的运行寿命（通常优先启动累积运行时间最少的设备）；

  3 满足用户侧低负荷的需求。

  水阀、循环水泵以及水源热泵机组的顺序启停是为了保证机组在启动时有足够的水量流过蒸发器和冷凝器，实现对水源热泵机组的保护。

电动水阀、循环水泵应先于水源热泵机组开启，水源热泵机组在两侧水流得以确认后启动。一般采用的启动顺序为：电动水阀→地热能交换系统循环泵→空调水循环泵→水源热泵机组。

系统停机顺序与启动顺序相反。

多台机组系统应设置必要的措施防止所有热泵机组同时启动，主要是防止热泵机组同时启动对供电系统造成冲击，以提高设备运行的可靠性。

10.3.2 地表水水温过高会导致水体富营养化。夏季由于热排放导致地表水极端温升，会使蓝藻、绿藻大量繁殖。地下水体、地下岩土温度过高会导致细菌等微生物种类和数量减少，多样性指数下降，破坏地下生态环境。为控制地源热泵系统对环境的热污染，应根据环保要求的允许最高温度对地热能换热系统进行控制。

10.3.4 地源热泵系统，在制热工况下，取热量不足、水温过低会导致蒸发器结冰，系统应根据进、出口温差确定出水温度的下限设定值，并与热泵机组联锁。

10.3.5 采用旁通手段，对水源热泵机组的冷凝温度进行控制，保证制冷剂节流过程的正常进行。当条件许可时，也可采取低温的换热系统循环水先进入空调器对空气进行预冷，再进入水源热泵机组的措施，同样也应采取相应的控制措施，以保证进入水源热泵机组冷凝器的水量和水温在容许的范围内。当地热能换热系统循环水温度、水量、水质满足要求时，应利用换热系统循环水进行直接冷却；当水质不能满足要求时，换热系统循环水与空调器之间应设置中间换热器。

10.3.6 分组控制的目的是根据全年地热能平衡模拟计算结果或运行历史记录,制定地源热泵系统全年运行预案,使地埋管换热器交替运行,有利于土壤温度的恢复和地热能平衡,保证地源热泵系统的运行效率。地埋管换热器局部漏水时,还可以使用关断阀门将漏水部分与系统其他部分隔离。

10.3.7 分散设置的小型水源热泵系统采用开式换热系统时,进入水源热泵机组的循环水回水支管上安装电动阀与压缩机联锁,当电动阀进行开关或调节时,换热系统供水管上压力将发生变化,可以在供水管上安装隔膜式膨胀罐,循环水泵实现变频控制以维持隔膜式膨胀罐的压力不低于低限设定值,应避免低流量时发生水泵汽蚀,如图10.3.7。

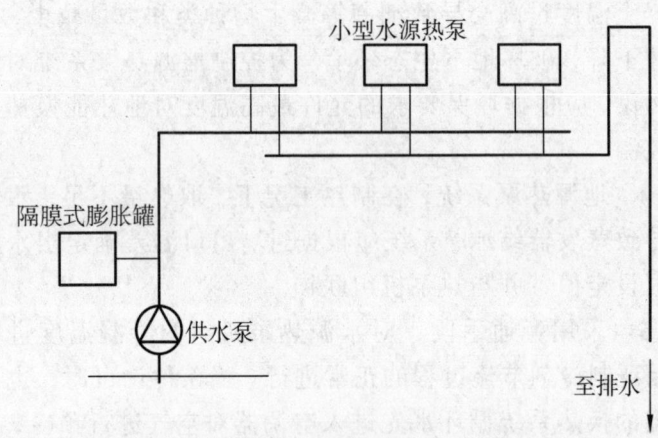

图 10.3.7 设隔膜式膨胀罐的开式换热系统

10.3.8 水源热泵机组运行时,换热系统的供水温度会影响机组的运行效率。随着地热能换热器运行时间的增加,不良的运行策略会造成周围水体、岩土温度升高或降低，从而影响到换热系统的供水温度，故宜对地热能换热器组群、辅助散热/加热系统的运行时间进行优化控制。

10.3.9 水源热泵机组控制器通信接口的设立，可使集中监控系统的中央主机能够监控水源热泵机组的运行参数以及使地源热泵系统能量管理更加合理。